TopoGuides®

Les Parcs naturels à pied

Le Parc naturel régional du Vexin français... à pied®

PR agréé®

32 PROMENADES & RANDONNÉES

AVEC L'APPUI TECHNIQUE DES COMITÉS DÉPARTEMENTAUX DE LA RANDONNÉE PÉDESTRE DU VAL-D'OISE ET DES YVELINES ET DE LEURS BÉNÉVOLES

Parc naturel régional du Vexin français

val d'oise le département

îledeFrance

Yvelines Conseil général

FFRandonnée
les chemins, une richesse partagée
www.ffrandonnee.fr

Bien préparer sa randonnée

PR agréé®

Un PR agréé par le Comité départemental de la randonnée pédestre est un itinéraire attractif (paysages variés et présence de curiosités naturelles ou historiques) et qui satisfait aux conditions de pérennité, de sécurité et de respect des milieux traversés.

QUATRE NIVEAUX DE DIFFICULTÉS À CONNAÎTRE

Les randonnées sont classées par niveaux de difficulté. Elles sont différenciées par des couleurs dans la fiche de chaque circuit.

TRÈS FACILE > Moins de 2 heures de marche

Idéal à faire en famille, sur des chemins bien tracés.

FACILE > Moins de 3 heures de marche

Peut être faite en famille, sur des chemins avec quelques passages moins faciles.

MOYEN > Moins de 4 heures de marche

Pour les randonneurs habitués à la marche. Avec quelquefois des endroits assez sportifs et/ou des dénivelées.

DIFFICILE > Plus de 4 heures de marche

Pour des randonneurs expérimentés et sportifs. L'itinéraire est long et/ou difficile (dénivelées, passages délicats).

Durée de la randonnée

La durée est calculée sur la base d'environ 3 km/h pour les balades vertes et bleues, et de 4 km/h pour les randonnées rouges et noires. La durée indiquée tient compte de la longueur et des dénivelées. Si vous randonnez avec des enfants, reportez-vous page 8.

Les itinéraires de Promenades et Randonnées (PR) sont en général des boucles : on part et on arrive au même endroit.

COMMENT SE RENDRE SUR PLACE ?

En voiture

Tous les points de départ sont accessibles par la route. Un parking, indiqué par une signalétique routière, est situé à proximité du départ de chaque randonnée. Ne laissez pas d'objet apparent dans votre véhicule.

Veillez à ce que votre véhicule ne gêne pas le passage des engins forestiers ou agricoles, même le dimanche. Il est interdit de stationner derrière les barrières de routes forestières.

Par les transports en commun

L'accès par les transports en commun est signalé à la rubrique Situation de chaque itinéraire. Attention, certains services sont réduits ou inexistants les week-ends, jours fériés et période de congés scolaires.

SNCF > tél. 36 35 (payant) ou www.voyages-sncf.com

Transilien (SNCF Île-de-France) > www.transilien.com

Cars et bus > contactez les offices du tourisme (voir coordonnées page 7)

Baladobus (navettes au départ de Cergy-Pontoise, le dimanche de mai à septembre) > tél. 0810 16 40 45 (n° azur) ou www.pnr-vexin-francais.fr

Vianavigo (horaires pour tous les modes de transport en Île-de-France) > www.vianavigo.com

Parc naturel régional Vexin français... à pied®

infos pratiques de la FFRandonnée : Voir page 4

Dans le Val d'Oise, les PR® portent une référence (exemples : A4, V1...) indiquée dans ce topo-guide à la rubrique Balisage de chaque circuit.

Sur le plateau vexinois / photo PNRVF.

5e édition : avril 2014 - ISBN 978-2-7514-0714-7 © IGN 2014 (fonds de cartes) - Dépôt légal : avril 2014

L'ÉQUIPEMENT D'UNE BONNE RANDONNÉE

Les chaussures

Les chaussures de randonnée doivent être confortables et garantir un bon maintien du pied et de la cheville. Si elles sont neuves, prenez le temps de les faire à votre pied avant. Les tennis seront limitées à une courte marche de quelques heures.

Le sac à dos

Un sac de 20 à 40 L conviendra largement pour les sorties à la journée.

Les vêtements

Le système des « 3 couches » est fondamental : sous-vêtement en fibres synthétiques, pull ou sweat en fibre polaire, coupe-vent, de préférence respirant.

Équipement complémentaire

Une paire de lacets, de la crème solaire, une casquette, des lunettes, une trousse de secours, une boussole, un appareil photo, un sifflet.

4 indispensables à ne pas oublier !

1 > Bien s'hydrater

La gourde est l'accessoire indispensable, été comme hiver.

2 > Toujours dans la poche !

Un couteau multi-fonctions.

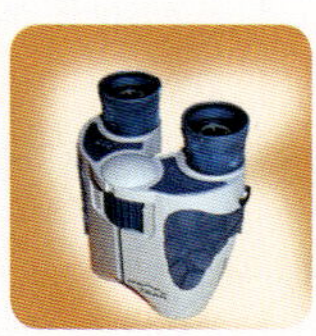

3 > Mieux observer

En montagne ou dans un parc, **une paire de jumelles**.

4 > Mieux se repérer

Une lampe torche en cas de tunnel, grotte.

Autres > un pique-nique ou, pour les courtes marches, quelques provisions qui aideront à terminer un itinéraire, surtout avec des enfants.

QUAND RANDONNER ?

Avant de partir, toujours s'informer sur le temps prévu :
Météo France : tél. **32 50** (payant) ou www. meteo.fr

En période estivale

Les journées longues permettent les grandes randonnées, mais attention au coup de chaleur. Il faut s'astreindre à boire beaucoup : environ 5 à 6 gorgées toutes les 20 minutes, soit au minimum 1,5 L d'eau par personne pour une demi-journée de marche.

En automne-hiver

Pendant la saison de la chasse, ne vous écartez pas des chemins balisés qui sont ouverts au public (de chaque côté du chemin, respectez les propriétés privées). En hiver, veillez à ne pas déranger la faune sauvage, observez les traces sans vouloir les suivre.

DÉSAGRÉMENTS ET DANGERS

L'orage

Ne pas rester debout sous un arbre ou un rocher, ou près d'une cabane ; s'éloigner des cours d'eau et des pylônes. S'accroupir sur ce qui peut être isolant (sac, corde), tenir les deux pieds bien serrés.

La chaleur excessive

Protégez-vous la tête et le corps, buvez souvent. Dès les premiers signes (maux de tête, nausées), il est indispensable de s'arrêter, de se mettre à l'ombre et de boire frais à petites gorgées.

La baignade

Le danger principal est le choc thermique. Il faut entrer progressivement dans l'eau, et renoncer en cas de sensation anormale (grande fatigue, vertige, bourdonnements d'oreille...).

N° d'urgence
Secours 112
Pompiers 18
Samu 15
Gendarmerie 17

Marcher le long d'une route

Mieux vaut marcher en colonne le long d'une route. La nuit, chaque colonne empruntant la chaussée doit être signalée à l'avant (feu blanc ou jaune) et à l'arrière (feu rouge).

Quelques adresses pour vous aider

PARC NATUREL RÉGIONAL DU VÉXIN FRANÇAIS

• **Maison du Parc,** 95450 Théméricourt, 01 34 48 66 10, www.pnr-vexin-francais.fr
informations touristiques : N°Azur 0 810 16 40 45 PRIX APPEL LOCAL

AGENCE DE DÉVELOPPEMENT ET DE RÉSERVATION TOURISTIQUES

• **Val d'Oise Tourisme,** 5, avenue de la Palette, 95300 Pontoise, 01 30 73 39 20, www.valdoise-tourisme.com

COMITÉ DÉPARTEMENTAL DU TOURISME (CDT)

• **Yvelines Tourisme,** 3, rue de Fontenay, 78000 Versailles, 01 39 07 71 22, www.tourisme.yvelines.fr

OFFICES DE TOURISME

• **OT d'Auvers-sur-Oise** (95430), rue de la Sansonne, 01 30 36 10 06
• **OT Cergy-Pontoise – Porte du Vexin,** place de la Piscine, 95300 Pontoise, 01 34 41 70 60, www.ot-cergypontoise.fr
• **OT Vexin Centre,** Marines (95640), 1, rue de la Croix-des-Vignes, 01 30 39 68 84, www.ot-valdeviosne.fr
• **OT Mantes-la-Jolie** (78200), 1, rue Thiers, 01 34 77 10 30, www.manteslajolie.fr/officedetourisme
• **OT de la rive droite de l'Oise et de la vallée du Sausseron**, mairie de Parmain, place G.-Clémenceau, 95620 Parmain, 01 34 69 67 05, www.ot-otos.fr

FÉDÉRATION FRANÇAISE DE LA RANDONNÉE PÉDESTRE

• **Centre d'information de la FFRandonnée,** 64, rue du Dessous-des-Berges, 75013 Paris, 01 44 89 93 93, fax 01 40 35 85 67, info@ffrandonnee.fr, www.ffrandonnee.fr

COMITÉS DÉPARTEMENTAUX DE LA RANDONNÉE PÉDESTRE

• **Comité départemental de la randonnée pédestre du Val-d'Oise,** Maison des Comités sportifs Jean Bouvelle, 106, rue des Bussys, 95600 Eaubonne ; Bureau : 28, rue Pierre-Brossolette, BP 6, 95270 Asnières-sur-Oise, 01 30 35 81 82, www.cdrp95.com (mise en ligne des modifications d'itinéraires)
• **Comité départemental de la randonnée pédestre des Yvelines,** BP 266, 78002 Versailles, 06 85 62 87 24, contact@coderando78.asso.fr, www.coderando78.asso.fr

COMITÉ RÉGIONAL DE LA RANDONNÉE PÉDESTRE

• **Comité régional de la randonnée pédestre d'Ile-de-France,** BAL16, 67, rue Vergniaud, 75013 Paris, 01 48 01 81 51, contact@ffrandonnee-idf.fr, www.idf.ffrandonnee.fr

HÉBERGEMENTS

• **Gîtes de France du Val-d'Oise,** 01 34 09 81 73, www.gites-val-doise.com
• **Gîtes de France des Yvelines,** 01 30 21 36 73, www.gites-de-france-yvelines.com
• Mouraret A. et S., *Gîtes d'étapes et refuges,* www.gites-refuges.com

DIVERS

• Musée du Vexin français (Théméricourt), 01 34 48 66 00 • Maison du Pain (Commeny), 01 34 67 41 82 • Musée de la Moisson (Sagy), 01 34 66 39 62 • Moulin de la Naze (Valmondois), 01 34 73 06 26 • Château d'Auvers-sur-Oise, 01 34 48 48 48 • Château de La Roche-Guyon, 01 34 79 74 42 • Domaine de Villarceaux (Chaussy), 01 34 67 74 33 • Musée archéologique départemental (Guiry-en-Vexin), 01 34 67 45 07 • Musée des Tramways à vapeur et des Chemins de fer secondaires (Butry-sur-Oise), 01 34 73 04 40 • Musée Daubigny (Auvers-sur-Oise), 01 30 36 80 20 • Maison-atelier Daubigny (Auvers-sur-Oise), 01 34 48 03 03 • Musée de l'Outil (Wy-Dit-Joli-Village), 01 34 67 00 91 • Auberge Ravoux dite « maison de Van Gogh » (Auvers-sur-Oise), 01 30 36 60 60 • Musée de l'Absinthe (Auvers-sur-Oise), 01 30 36 83 26 • Maison du Docteur Gachet (Auvers-sur-Oise), 01 30 36 81 27 • Jardins et châteaux d'Ambleville, 01 34 67 98 45

À CHACUN SON RYTHME...

Les enfants jusqu'à environ 7 ans

Sur le dos de ses parents jusqu'à 3 ans, l'enfant peut ensuite marcher, dit-on, un kilomètre par année d'âge. Question rythme, on suppose une progression horaire de 1 à 2 km en moyenne.

De 8 à 12 ans

On peut envisager des sorties de 10 à 15 km. Les enfants marchant bien mieux en groupe, la présence de copains favorisera leur énergie. Si le terrain ne présente pas de danger, ils apprécieront une certaine liberté, en fixant des points de rendez-vous fréquents.
Les adolescents qui sont en pleine croissance ont des besoins alimentaires plus importants que les adultes.

Les seniors

La marche a pour effet la préservation du capital osseux, et fait travailler en douceur l'appareil cardio-vasculaire. Un entretien physique régulier de 30 minutes à 1 heure de marche quotidienne est requis pour envisager de plus longues sorties. Un bilan médical est recommandé.

Où se restaurer et dormir dans la région ?

TROIS TYPES D'APPELLATION

Alimentation > pour un pique-nique : épicerie, boucherie ou traiteur, à la découverte des produits locaux.

Restauration > un café ou un restaurant, pour reprendre son souffle et savourer les spécialités du terroir.

Hébergement > de nombreuses possibilités d'hébergement existent : pour plus d'informations, **consulter le comité départemental du tourisme ou les offices de tourisme locaux.**

RANDO ACCUEIL

Les établissements Rando Accueil (gîtes, hôtels, campings) sont sélectionnés pour leur convivialité et leur environnement de qualité ; en outre, ils proposent des conseils personnalisés pour découvrir les itinéraires de randonnée alentour.
www.rando-accueil.com

Tableau des ressources

Auvers-sur-Oise	●	●	●	Oinville-sur-Montcient	●	●	
Boissy-l'Aillerie	●	●		Parmain	●	●	●
Bray-et-Lû	●	●	●	Ronquerolles			●
Bréançon			●	Saint-Clair-sur-Epte	●		●
Champagne-sur-Oise	●	●	●	Saint-Martin-la-Garenne	●	●	
Chaussy		●	●	Théméricourt		●	●
Juziers	●	●		Us	●	●	●
Lainville-en-Vexin		●	●	Valmondois	●	●	
La Roche-Guyon	●	●	●	Vaux-sur-Seine	●		●
Magny-en-Vexin	●	●	●	Vétheuil	●	●	●
Nesles-la-Vallée	●	●	●	Villers-en-Arthies			●

Photo © N. Vincent.

Des topo-guides® écologiques

L'orchidée qui fleurit sur nos chemins est fragile, puisqu'une espèce sur six est menacée de disparition. Soucieuse de cette nature à préserver, quoi de plus naturel pour la **FFRandonnée** que de s'inscrire dans une démarche de **développement durable** ? Ainsi, tous nos imprimeurs partenaires bénéficient des certifications Imprim'vert et PEFC®, garantie d'une production écologiquement contrôlée des topo-guides® (gestion des déchets par récupérateurs agréés, recyclage, utilisation d'encres à pigments non toxiques, aucun rejet en réseaux d'évacuation publics...).

Le papier utilisé est par ailleurs lui-même certifié, attestant qu'il provient systématiquement de bois issu de forêts gérées durablement.

Pour mieux connaître la région

BIBLIOGRAPHIE

CONNAISSANCE GÉOGRAPHIQUE, TOURISTIQUE ET HISTORIQUE DE LA RÉGION

- Les amis du Vexin français, *www.amisduvexinfrancais.fr*
- Aubert J., *La Grande Histoire du Val-d'Oise,* Edjac.
- Duhamel B., *Guide des églises du Vexin français,* éditions du Valhermeil.
- Danis C., *Châteaux et Manoirs en Val-d'Oise,* édition du Valhermeil.

GUIDES TOURISTIQUES DE LA RÉGION

- *Le Val-d'Oise,* édition guides Gallimard.
- *Cergy-Pontoise entre Pays de France et Vexin,* Carto-Gallimard.

RANDONNÉE

- Pochette de randonnée pédestre « Auvers-sur-Oise et la vallée de l'Oise », Parc naturel régional du Vexin français (9 circuits).
- Pochette de randonnée pédestre « de l'Aubette de Meulan à la vallée de la Montcient », Parc naturel régional du Vexin français (9 circuits).
- Pochette de randonnée pédestre « autour de la Chaussée Jules César », Parc naturel régional du Vexin français (7 circuits).
- Pochette de randonnée pédestre « la vallée de l'Epte et l'Aubette de Magny », Parc naturel régional du Vexin français (7 circuits).
- Pochette de randonnée pédestre « De la Viosne aux buttes de Rosne », Parc naturel régional du Vexin français (8 circuits).
- Pochette de randonnée pédestre « Vallée du Sausseron », Parc naturel régional du Vexin français (8 circuits)
- *Le Val-d'Oise... à pied*, éditions FFRandonnée, réf. D095.
- *Les Yvelines... à pied*, éditions FFRandonnée, réf. D078.
- *À pied en famille en Île-de-France*, éditions FFRandonnée, réf. F018.
- *Les environs de Paris... à pied*, éditions FFRandonnée, réf. RE01.
- *VTT dans le Vexin français*, Arfaz.

HÉBERGEMENT

- Mouraret A. et S., *Gîtes d'étapes et Refuges, France et frontières*, version imprimable à partir du site Internet www.gites-refuges.com

Pour connaître la liste des autres topo-guides de la Fédération française de la randonnée pédestre, consulter le catalogue sur le site Internet de la Fédération : www.ffrandonnee.fr

CARTES DE LA RÉGION

- **CARTE IGN SÉRIE TOP 100 AU 1 : 100 000 :** N° 108 et 109
- **CARTE IGN SÉRIE *PLEIN-AIR* AU 1 : 100 000 :** N°82005 Ile-de-France
- **CARTE ROUTIÈRE IGN AU 1 : 250 000 :** N° R12 Ile-de-France

Rejoignez-nous et randonnez l'esprit libre
Pour mieux connaître la fédération, les adresses des associations de votre département, pour tout savoir sur l'actualité de la randonnée, pour adhérer ou découvrir la collection des topo-guides.
Tout sur
www.ffrandonnee.fr
FFRandonnée

Suivez les balisages de la FFRandonnée

LES TYPES DE BALISAGE

Type d'itinéraire

Bonne direction

Tourner à gauche

Tourner à droite

Mauvaise direction

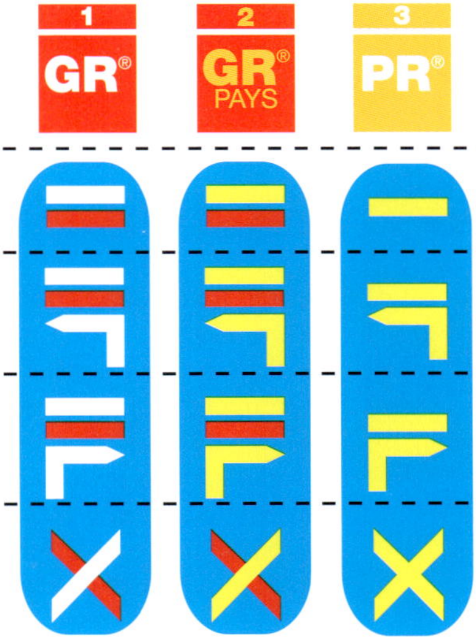

1 Grande Randonnée / 2 Grande Randonnée de Pays / 3 Promenade & Randonnée

MARQUAGES DES BALISAGES

Le jalonnement des sentiers consiste en marques de peinture sur les arbres, les rochers, les murs, les poteaux. Leur fréquence est fonction du terrain.

Dans le Val-d'Oise, des plaques signalétiques sont placées aux départs et intersections des circuits.

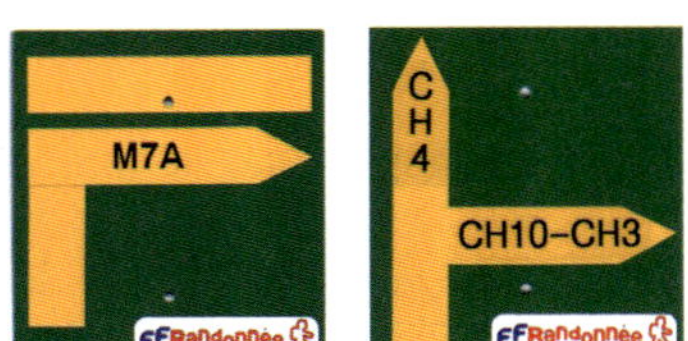

Les baliseurs : savoir-faire et disponibilité

Pour cheminer sereinement, 6000 bénévoles passionnés s'activent toute l'année, garants d'un réseau d'itinéraires de 180000 kilomètres de sentiers, sélectionnés et aménagés selon des critères de qualité.

Des sentiers balisés à travers toute la France

LA FFRandonnée AUJOURD'HUI

La Fédération française de la randonnée pédestre, c'est près de 205 000 adhérents, 3 350 associations affiliées, 180 000 km de sentiers balisés GR® et PR®, 120 comités régionaux et départementaux, 20 000 bénévoles animateurs et baliseurs, 270 topo-guides, un magazine de randonnée *Passion Rando* et un site Internet : www.ffrandonnee.fr.

Passion Rando Magazine, le magazine des randonneurs

Passion Rando apporte aux amoureux de la randonnée et d'authenticité toutes les pistes de découverte des régions de France et à l'étranger, les propositions d'itinéraires, d'hébergements et des bonnes adresses.
En valorisant les actions locales d'engagement pour la défense de l'environnement et d'entretien des sentiers, *Passion Rando Magazine* porte un message sur le développement durable, la préservation de la nature et du réseau d'itinéraires de randonnée pédestre. Abonnez-vous sur www.ffrandonnee.fr

PassionRando
LE MAGAZINE DES PASSIONNÉS DE LA RANDO

PARTEZ TRANQUILLE AVEC LA RandoCarte®

4 atouts au service des randonneurs

- Une assurance spéciale « randonnée »
- Une assistance 24/24 h et 7/7 jours en France comme à l'étranger
- Des avantages quotidiens pour vous et vos proches
- Un soutien à l'action de la Fédération française de la randonnée pédestre et aux bénévoles qui entretiennent vos sentiers de Grande Randonnée et de Promenades et Randonnées

Vous aimez la randonnée

Depuis plus d'un demi-siècle, la Fédération vous propose une assurance, adaptée et performante dont profitent déjà près de 205 000 passionnés. Faites confiance à la RandoCarte® : elle vous est conseillée par des spécialistes du terrain, passionnés de randonnée...

Une fois encore, ils vous montrent le chemin !

Les Sentiers du Patrimoine®

du Parc naturel régional du Vexin français

UNE AUTRE VIE S'INVENTE ICI

FFRandonnée
les chemins, une richesse partagée
Val-d'Oise

FFRandonnée
les chemins, une richesse partagée
Yvelines

Parc naturel régional du Vexin français

Découvrir **le Vexin français**

Photos N.V., D.D., J.F., R.S.

Une **entité paysagère** fortement marquée

Situé au nord-ouest de l'Île-de-France, le Parc naturel régional du Vexin français s'étend sur 71 000 hectares et rassemble 99 communes des départements du Val-d'Oise et des Yvelines. Entité naturelle et historique fortement marquée, le Vexin français est l'un des plus caractéristiques et des mieux conservés des 300 pays qui font la France.

Le Vexin français se présente comme un vaste plateau calcaire ceinturé de rivières : la Seine au sud, l'Oise à l'est, l'Epte à l'ouest, la Troesne et l'Esches au nord. Loin d'être monotone, le plateau vexinois est parcouru d'amples ondulations et surmonté d'un double alignement de buttes boisées (Arthies, Rosne-Marines) constituant le point culminant de l'Île-de-France (214 m). De plus, il est entaillé de vallées aux profils contrastés : Aubettes de Magny et de Meulan, Montcient, Sausseron, Viosne ont sculpté, au gré de leurs humeurs, les paysages du Vexin. Ils ont été également, au cours des siècles, largement façonnés par l'homme et témoignent de la vocation agricole du « grenier à blé » de Paris.

De la nature du terroir et de leur origine, les villages ont gardé une vocation essentiellement agricole. La structure de l'habitat vexinois est caractérisée par la concentration en villages, agglomérés autour d'exploitations agricoles en forme de quadrilatère, fermées sur l'extérieur. L'unité de l'habitat est renforcée par l'utilisation de matériaux de construction issus directement du terroir, tels que la pierre, l'argile et le plâtre ; les couleurs des villages s'harmonisent ainsi parfaitement avec celles des paysages.

L'aspect des campagnes n'a ainsi guère changé depuis le Haut Moyen Âge. Encore aujourd'hui, la majeure partie de l'espace agricole est consacrée à la culture de céréales,

VALLÉE DE L'EPTE / PHOTO D.D.

même si autrefois d'autres productions étaient présentes dans le Vexin. Vers 1870, le vignoble occupait les coteaux qui dominent l'Oise et la Seine. Les vins de Vétheuil et Gommecourt étaient particulièrement estimés et passaient pour les meilleurs crus. Au XIXe siècle, les plantations d'arbres fruitiers (pommiers, poiriers, pruniers, cognassiers, cerisiers…) à mi-pente des coteaux remplacent les vignes. Aujourd'hui, le Parc agit avec des associations locales pour la sauvegarde et la restauration de ces vergers, habitat privilégié de la Chouette chevêche.
Les cultures maraîchères et les cressonnières occupaient quant à elles les fonds de vallée, et l'élevage reste encore présent dans la vallée de l'Epte et les zones de buttes.

Découvrir une terre **chargée d'histoire**

Le Vexin fut occupé très tôt par les hommes comme en témoignent les monuments mégalithiques (allées couvertes, menhirs et dolmens…) datés du Néolithique. Il doit son nom au peuple gaulois des Véliocasses, installé dans la région dès le IIIe siècle avant Jésus-Christ. L'époque gallo-romaine a laissé plusieurs sites majeurs dont la ville découverte à Épiais-Rhus ou un important sanctuaire à Genainville. Le peuplement s'organise alors en fonction des grandes voies romaines, dont la chaussée Jules-César, route qui mène de Lutèce à Rouen et traverse d'est en ouest le Vexin français.

THÉMÉRICOURT / PHOTO P.L.

En 911, le traité de Saint-Clair-sur-Epte met fin aux invasions normandes et partage la région entre Francs et Normands. L'Epte devient une frontière fortifiée entre Vexin français et Vexin normand. Durant la guerre de Cent Ans, le Vexin est saccagé puis occupé par les Anglais.

L'époque médiévale a légué des châteaux comme celui de La Roche-Guyon et de nombreuses églises, souvent de style roman. Témoins des traditions et des coutumes, les moulins, lavoirs, fontaines, croix et pigeonniers, souvent modestes, ponctuent les paysages et sont autant de repères pour le visiteur attentif. Lieux d'assemblée et de rencontre, lieux d'espérance et de foi, ils sont empreints de la dureté des travaux et du poids des jours. Les croix pattées, taillées dans un seul bloc de pierre calcaire extrait des carrières locales, datent pour la plupart des XIIe et XIIIe siècles. Érigées sur les places des villages, le long des chemins ou aux carrefours, elles servaient de limites de fief, de juridiction ou de bornage de propriétés ecclésiastiques.

Toutes les communes possèdent aujourd'hui au moins un édifice protégé au titre des Monuments historiques.

D'Auvers-sur-Oise à La Roche-Guyon, en passant par Villarceaux ou Wy-dit-Joli-Village, les communes du Parc sont une invitation à une balade champêtre. Lieu idéal pour la détente, le Vexin français offre une variété de sites pour pratiquer diverses activités sportives (golf, équitation, vol à voile, canoë...) ou culturelles (maisons à thème de l'Écomusée du Parc, musées, ateliers artisanaux...).

EGLISE TROGLODYTIQUE DE HAUTE-ISLE / PHOTO D.D.

Milieux naturels, **faune et flore**

CHÊNE SE
DESSIN N.L.

CHOUETTE HULOTTE / DESSIN P.R.

Ouvert à la fois aux influences maritimes et continentales, le Vexin français rassemble trois types de milieux naturels : les pelouses et friches des coteaux secs, les zones humides (marais et prairies de fond de vallée), les bois et les landes.

Le plateau, lorsque haies, bosquets et prairies sont encore assez présents, est le domaine de la Perdrix grise, du Lièvre et un lieu d'alimentation pour la grande faune (Sanglier, Chevreuil) et pour le rare Busard saint-martin.

CORDULÉGA
ANNELÉ / DESS

Les fonds de vallées offrent des sites de nidifications au Vanneau huppé, au Pipit farlouse et à une petite libellule, l'Agrion de Mercure, tandis que les roselières forment un habitat indispensable au Phragmite des joncs et au Râle d'eau. À la faveur des suintements des sources sur les flancs des vallées, les bas-marais abritent le Cordulégastre annelé, grosse libellule noire et jaune et le rare Criquet ensanglanté ; ce milieu est également favorable à la floraison de l'Orchis négligé.

En remontant les flancs des vallées, des pentes calcaires bien exposées permettent à une flore d'affinité méditerranéenne de se développer. De nombreuses espèces d'orchidées y ont été recensées et l'Astragale de Montpellier trouve ses stations les plus nordiques sur les coteaux de Seine. Les pelouses foisonnent d'insectes remarquables comme la Cigale de montagne, le Criquet des Pins ou la Mante religieuse qui participent de l'alimentation du Lézard vert.

Les flancs des vallées partagent, en conditions fraîches et de pente forte, avec les buttes boisées, l'habitat particulier que forment les boisements sub-montagnards : l'ambiance sombre convient aux fougères (Dryoptéris écailleux, Polystic à aiguillons) et notamment à l'Osmonde royale autour des suintements des sources et tourbières boisées. Encore ceinturées de pâturages, les buttes sont essentiellement couvertes de charmes, chênes et châtaigniers ; il reste cependant encore des landes, colorées en fin d'été par les bruyères, et quelques bas-marais remarquables par leur flore.

Les rivières accueillent encore une truite autochtone (la Truite fario) et deux stations assurent le maintien de la rarissime Écrevisse à pattes blanches. La Zanichellie des marais forme de remarquables herbiers sur le cours de l'Epte. Quelques fragments de forêt alluviale (aulnaies et aulnaies-frênaies) hébergent en leur cœur la rare Balsamine des bois et l'Aconit casque de Jupiter *(Aconit napel)*.

Plusieurs espèces de chauves-souris, rares et protégées au niveau européen, hivernent dans les anciennes carrières. Un papillon de nuit *(Hypena obsitalis)* qui n'avait pas été revu depuis le XIXe siècle y a été également recensé.

Créé en mai 1995, le Parc naturel régional du Vexin français est géré par un Syndicat mixte qui regroupe la région Île-de-France, les départements du Val-d'Oise et des Yvelines et 99 communes. Il s'organise autour d'un projet de développement qui s'appuie sur la protection et la valorisation de son patrimoine.

La Charte du Parc engage ses signataires pour douze ans à préserver et restaurer les milieux naturels, réhabiliter le patrimoine bâti, développer l'agriculture dans le respect de l'environnement, faire vivre et animer le territoire, contribuer à son développement économique et favoriser sa découverte par les visiteurs.

ACONIT NAPEL / DESSIN N.L.

PHOTO G.L.

0 1:30000 600 m
(1:25000 réduit)
Feuille 2313 OT
© IGN 2010
2014
N
Hérouville
Auvers-sur-Oise
Chaponval
Montfleury
Fontenelle
PR
GR 1
GRP
1
2
3
4
5
6
7
8
9
10
le Chemin de Flélu
Fond de Boisemont
Remise de Fontenelle
le Fossé Madeleine
la Mare à Laver
la Haute Butte
Bois de Gérofay
la Sente des Meuniers
le Trou à Merle
le Clair Bois
la Croix Rouge
Fond des Granges
le Poteau
les Dix-Huit Arpents
le Manoir
la Portasse
les Granges
le Chemin du Port
la Croisette
la Remise du Milieu
Bois Carbon
la Haute Épine
la Haute Borne
les Tortues
Fond des Cossardes
Bois le Roi
les Molues
la Longue Raie
les Champs Palous
les Provôchenets
les Lézardières
les Tillets
les Rougemonts d'Auvers
les Hièbles
le Buisson Tambourin
les Marivaux
le Ranch Rodéo
les Chardonnières
Poste gaz
les Voies
les Clos
les Montants
les Vessenots
Château de Léry
le Montier
St-Nicolas
Rue Rémy
le Pré Crépin
les Porquessis
Poney-club
les Roches de Vaux
les Jardins de Méry
la Noue
Vaux
École de conduite sur terre
D 927
D 928
D 27
D 922

Les **Champs Palous**

Sur les traces des peintres impressionnistes, à travers champs et bois.

1 Au pied de l'église, devant la statue de Charles-François Daubigny, emprunter à gauche la rue éponyme.

2 Le quitter par le jardin pour suivre la rue Daubigny à gauche.

3 Près de la croix, continuer par la rue Daubigny puis le chemin des Vallées au Veau sur 800 m.

4 Après la dernière maison et avant que la route ne se prolonge en chemin montant, entrer à gauche entrer à gauche dans le bois Leroy et suivre la ravine des Vallées sur 2 km. Prendre la route à droite.

5 Au croisement, emprunter le chemin à gauche et poursuivre jusqu'à Hérouville. Au carrefour, prendre à droite la rue de la Croix-Rouge, puis à gauche la rue Paul-Bagnard et la rue principale à gauche. Face au restaurant, se diriger à droite vers l'église et, face à la mairie, tourner dans la rue Bourgeoise à gauche.

6 Au carrefour, s'engager dans la rue de la Croisette à gauche. Le chemin longe un verger. Continuer tout droit. Couper la route et prendre à droite le chemin qui traverse un petit bois et se prolonge en route.

7 Au carrefour, suivre à gauche le chemin du Haut des Buissons. Traverser une route et emprunter en face le chemin des Houx.

8 Prendre le chemin à gauche sur 300 m, tourner à droite, puis virer deux fois à gauche pour rester en bordure du plateau. Descendre à droite dans le bois sur 30 m et arriver à un embranchement.

> Variante par le GR®1 : prendre le chemin des Monts à gauche. Par les champs, il mène au château de Léry *(balisage blanc-rouge)*.

9 Continuer la descente à droite par la rue des Ruelles, la rue des Meulières puis la rue François-Coppée. En face, suivre les rues Gachet et Victor-Hugo et arriver au château.

10 Traverser la rue François-Mitterrand, prendre en face la rue de Léry et retrouver la rue Daubigny.

3 À droite, rejoindre le parking.

PR agréé® 1

MOYEN

3H30 • 13KM

S SITUATION
Auvers-sur-Oise, à 15 km au nord-est de Cergy-Pontoise par les A 15, N 184 et D 928
Coordonnées UTM : 31 T 439870-5435740

P PARKING
église ou gare

/ DÉNIVELÉE
altitude mini et maxi
dénivelée cumulée à la montée

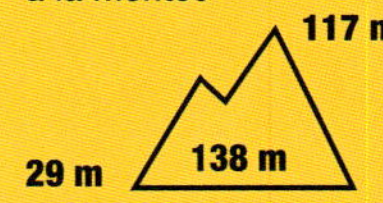

B BALISAGE **A2**
jaune

À DÉCOUVRIR...

> En chemin :
- Auvers-sur-Oise : église Notre-Dame XIIe-XIIIe, maison et jardin du peintre Daubigny, château d'Auvers (parcours spectacle « Voyage au temps des impressionnistes »)
- Hérouville : église Saint-Clair XIIe-XVe-XVIe-XVIIe

> Dans la région :
- Auvers-sur-Oise : auberge Ravoux dite *maison Van Gogh*, ferme des vallées (pommes bénéficiant de la marque *Produit du Parc*), musée de l'Absinthe, maison du Docteur Gachet
- Ennery : église Saint-Aubin XIIe et XVIe

ARTS ET LETTRES

UN VOYAGE AU TEMPS DES IMPRESSIONNISTES

AUBERGE RAVOUX, À AUVERS, OÙ SÉJOURNA VAN GOGH / PHOTO C.B.

Au cœur du village d'Auvers-sur-Oise, le château de Léry propose un parcours-spectacle intitulé « Voyage au temps des impressionnistes », sur les traces de Monet, Renoir ou encore Pissarro. Muni d'un audio-guide, le visiteur revit cette époque riche en couleurs en traversant des salles aux décors reconstitués. En permanence environné d'images, le visiteur est plongé dans un univers composé d'effets spéciaux, de voix et musiques d'époque, de cris des vieux métiers de Paris, de films anciens, de reportages photographiques, d'objets authentiques retrouvés… Grâce à la projection et la mise en mouvement de près de cinq cents toiles, il découvre la peinture des impressionnistes en entrant dans les tableaux avec le même regard que celui des peintres.

CHÂTEAU D'AUVERS / PHOTO C.B.

FAUNE ET FLORE

DES POMMES ET DES CHEVÊCHES

Symbole d'Athéna chez les Grecs, la Chouette chevêche était vénérée comme déesse de la sagesse et de la guerre. Rare chouette visible en plein jour, la Chevêche est un petit rapace au corps trapu et aux ailes arrondies, au plumage gris-brun moucheté de blanc. Elle se nourrit de rongeurs toute l'année, d'insectes en été et de vers de terre en hiver. D'origine méditerranéenne, la petite « chouette aux yeux d'or » est sensible aux hivers rigoureux. En gonflant son plumage, elle emprisonne l'air afin de mieux conserver sa chaleur. Sédentaire, elle aime chasser dans les prairies pâturées ou dans les friches, et construit son nid au creux des arbres fruitiers de vieux vergers ou dans des cavités offertes par des bâtisses en pierre. La disparition progressive des vergers a de graves conséquences sur la survie de l'espèce. Il ne resterait que 300 à 500 couples de Chouettes chevêches en Île-de-France. Aussi, le Parc encourage-t-il les actions en faveur de la restauration des vergers.

CHOUETTE CHEVÊCHE / DESSIN P.R.

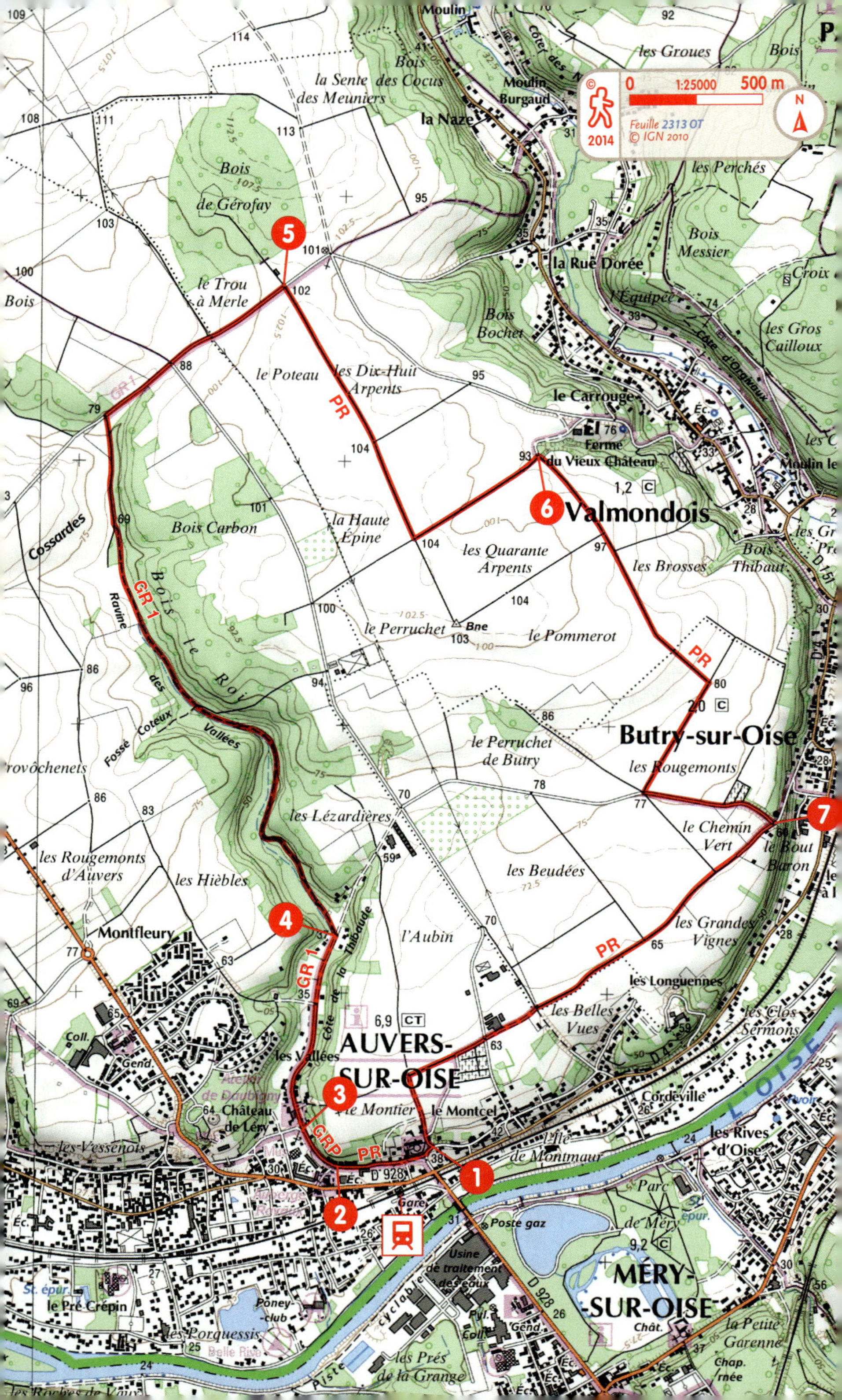

0 1:25000 500 m
N
2014
Feuille 2313 OT
© IGN 2010
1
2
3
4
5
6
7
Valmondois
Butry-sur-Oise
AUVERS-SUR-OISE
MÉRY-SUR-OISE
L'OISE
GR 1
PR
GRP
Bois de Gérofay
le Trou à Merle
le Poteau
les Dix-Huit Arpents
la Haute Épine
les Quarante Arpents
le Perruchet
le Pommerot
le Perruchet de Butry
les Rougemonts
le Chemin Vert
le Bout Baron
les Beudées
les Grandes Vignes
les Longuennes
les Belles Vues
l'Aubin
les Lézardières
Bois Carbon
Bois le Roi
Ravine des Coteaux
Fossé Vallées
les Rougemonts d'Auvers
les Hièbles
Montfleury
Château de Léry
le Montier
le Montcel
les Vallées
L'Île de Montmaur
Cordeville
les Rives d'Oise
Parc de Méry
Poste gaz
Usine de traitement des eaux
le Pré Crépin
Poney-club
les Porquessis
Belle Rive
les Prés de la Grange
Piste cyclable
la Petite Garenne
la Naze
la Sente des Meuniers
des Cocus
Moulin Burgaud
les Groues
les Perchés
Bois Messier
la Rue Dorée
l'Équipée
Bois Bochet
le Carrouge
Ferme du Vieux Château
les Brosses
Bois Thibaut
les Gros Cailloux
Cossardes
les Vessenots
les Clos Sermons
Côte de la Thibaude
Gare

Les **Quarante Arpents**

Après avoir parcouru les paysages chers à Van Gogh, méditer quelques instants devant deux tombes connues.

1 Au pied de l'église, devant la statue de Charles-François Daubigny, emprunter à gauche la rue éponyme.

2 Le quitter par le jardin pour suivre la rue Daubigny à gauche.

3 Près de la croix, continuer par la rue Daubigny puis le chemin des Vallées au Veau sur 800 m.

4 Après la dernière maison et avant que la route ne se prolonge en chemin montant, entrer à gauche dans le bois Leroy et suivre la ravine des Vallées sur 2 km. Prendre la route à droite sur 800 m.

5 Près d'un hangar, emprunter à droite le chemin en pleins champs, puis le deuxième chemin à gauche. Il se dirige vers une ferme.

6 Avant la ferme du Vieux-Château, tourner à droite et poursuivre tout droit sur 1 km. Au bout du chemin, virer encore à droite. Emprunter la route à gauche vers Butry, passer le cimetière et continuer sur 200 m.

7 Dans le virage, prendre à droite le chemin des Vallées-de-Butry. Il conduit au cimetière d'Auvers *(tombe de Théodore et Vincent Van Gogh).* Longer le mur du cimetière, continuer par le chemin en face, puis descendre par le sentier à gauche et rejoindre l'église.

VANNEAUX HUPPÉS / DESSIN P.R.

PR agréé® **2**

FACILE

3H • 11,5KM

S SITUATION
Auvers-sur-Oise, à 15 km au nord-est de Cergy-Pontoise par les A 15, N 184 et D 928
Coordonnées UTM : 31 T 439870-5435740

P PARKING
église ou gare

DÉNIVELÉE
altitude mini et maxi
dénivelée cumulée à la montée

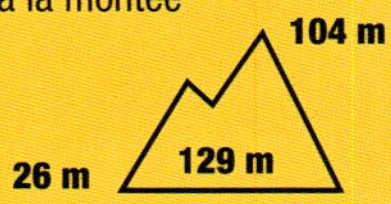

B BALISAGE **A3**
jaune

À DÉCOUVRIR...

En chemin :
• Auvers-sur-Oise : église Notre Dame XIIe et XIIIe siècle, musée Daubigny, maison et jardin du peintre Daubigny, cimetière (tombes de Vincent Van Gogh et de son frère Théodore)

Dans la région :
• Auvers-sur-Oise : musée de l'Absinthe, château d'Auvers : parcours spectacle *Voyage au temps des impressionnistes*, maison du Dr Gachet, ferme des Vallées (pommes bénéficiant de la marque *Produit du Parc*)

AUVERS-SUR-OISE, AU CŒUR DE L'IMPRESSIONNISME

Village de légende, Auvers-sur-Oise témoigne plus que jamais de la présence de Van Gogh, de Cézanne, de Pissarro et de Daubigny, figures célèbres du plus grand courant artistique du XIXe siècle : l'impressionnisme. Fuyant l'atmosphère confinée des ateliers parisiens, les peintres sont éblouis par les vibrations de la lumière, le frémissement des teintes des feuilles sous le vent, la profondeur infinie du ciel, le chatoiement de la lumière sur l'eau, la beauté de la nature sans artifice. Pour la première fois, on peint sur le motif. Les touches rapides et multicolores traduisent l'avalanche de soleil et de vent. Désormais, les toiles vibrent d'émotions, noyant les couleurs et brouillant les contours, puisant sans compter dans la réserve intarissable des motifs qu'offre la campagne d'Auvers.

ARTS ET LETTRES

VINCENT VAN GOGH À AUVERS-SUR-OISE

Profondément marqué par sa réclusion volontaire à l'asile de Saint-Rémy-de-Provence, Vincent Van Gogh aspirait à quitter le Midi. Il voulait vivre près de son frère Théo. Sur les conseils de Pissaro, il rejoignit alors Auvers-sur-Oise où le docteur Gachet, médecin mais aussi peintre et collectionneur, possédait une résidence secondaire. Il arriva à Auvers le 20 mai 1890 où il rencontra le docteur Gachet et séjourna à l'auberge Ravoux. « Peignez, peignez sans relâche », lui conseillait le docteur… Natures mortes, paysages de campagne et du village, portraits… une production frénétique de plus de 70 toiles et dessins. Van Gogh passa les soixante-dix derniers jours de sa vie à Auvers et fut enterré dans le cimetière communal le 30 juillet 1890. Théo, décédé aux Pays-Bas le 25 janvier 1891 fut enterré à ses côtés en avril 1914. Dans sa dernière lettre à son frère Théo, Vincent écrivait : « Eh bien, mon travail à moi, j'y risque ma vie et ma raison y a sombré à moitié… »

PHOTO PNRVF.

Église Notre-Dame d'Auvers-sur-Oise / photo P.L.

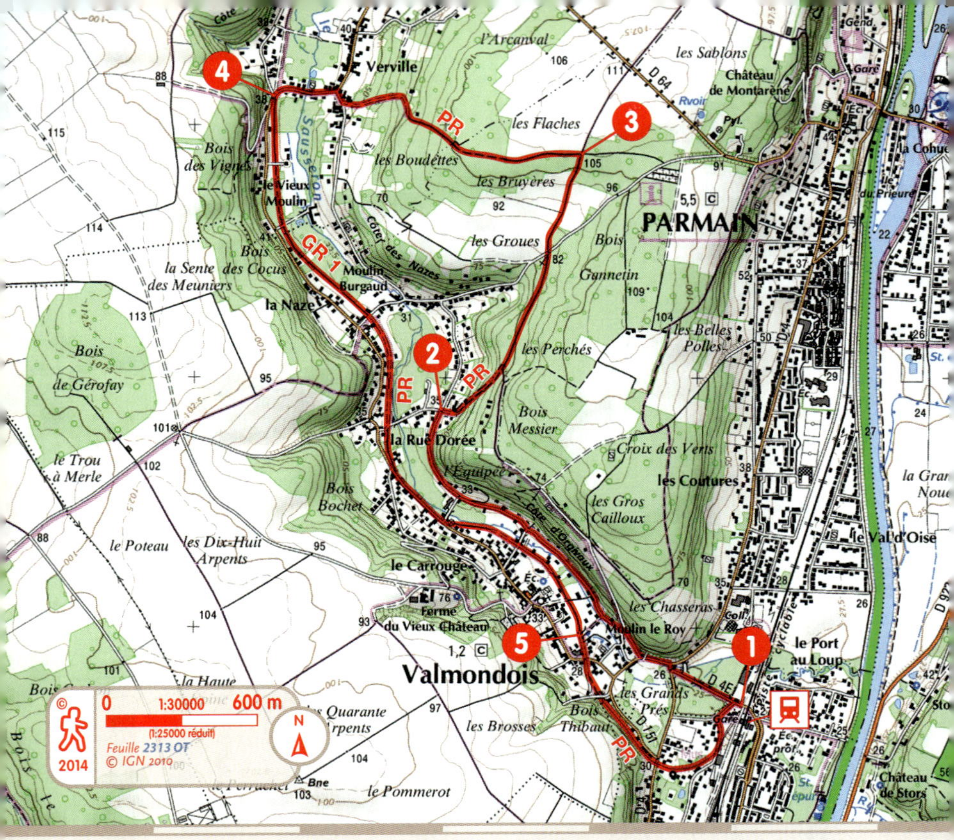

TECHNIQUES ET TRADITIONS

Le moulin de la Naze

Aménagé dans un ancien moulin, ce musée vous entraîne sur les pas des anciens meuniers de la vallée du Sausseron. La réhabilitation du site a permis de conserver la machinerie d'époque et de remettre en fonctionnement une spectaculaire roue à aubes incurvées, plongeant ses grandes pales dans le Sausseron tonitruant. Des poulies, rouages et engrenages plantent le décor d'un espace oublié que fait revivre la maquette animée d'un moulin à eau du XVIIIe siècle. On y découvre de nombreuses informations sur le fonctionnement et l'histoire des moulins à eau de Valmondois et de la région vexinoise. L'étage a été réaménagé en espace d'accueil avec salle de projection pour les expositions et événements culturels proposés par Les Amis du Moulin de la Naze (renseignements au 01 34 73 06 26).

La roue Poncelet / photo P.L.

Le **Sentier** des **Bruyères**

GROSEILLES / DESSIN N.L.

En longeant le Sausseron, l'itinéraire part à la découverte des nombreux moulins à eau.

1 Rejoindre la gare et prendre à gauche le boulevard de la Gare. Traverser la D 4 pour longer le mur du château, en face, par l'avenue de la Gare. Après être passé sous un pont, ignorer la route des Sablons à droite et emprunter la rue d'Orgivaux à 20 m. Elle contourne le moulin du Roy en se rétrécissant, longe le Sausseron et se prolonge par le chemin des Vallées *(villa Daumier)*.

2 À hauteur du n° 28bis, s'engager à droite sur la sente de la rue Dorée qui monte dans le bois. Traverser la route Parmain - La Naze et poursuivre en face. Arriver à un carrefour à la sortie du bosquet.

3 Tourner à gauche : le chemin de Parmain pénètre dans le bois et descend à Verville. S'avancer à droite dans la rue Marcel-Vauquelin sur 20 m, puis remonter à gauche la rue Carnot (D 151) sur 250 m.

4 Après le pont, cheminer à gauche sur l'ancienne voie de chemin de fer (sentier GR® 1). Traverser la rue Léon-Bernard *(moulin de la Naze, devenu la maison de la Meunerie)* et poursuivre tout droit. Couper plusieurs petites rues.

5 Au bout du sentier, la rue de la Corderie rejoint la D 151 ; la traverser et prendre en face la rue Sous-le-Bois-Thibaut. Suivre un tronçon de la voie de chemin de fer et traverser la D 4. Longer les rails jusqu'au musée du Chemin de fer et rejoindre le parking.

> Attention, si travaux en cours sur le tronçon de chemin de fer, le contourner : prendre la D 151 à gauche, puis la rue Georges-Huisman et à droite la rue d'Orgivaux. Retrouver le boulevard de la Gare et le point 2, puis l'itinéraire de l'aller.

PR agréé® **3**

FACILE

2H30 • 8,5KM

S SITUATION
Valmondois, à 10 km de Cergy-Pontoise par les A 15, A 115, D 328 et D4
Coordonnées UTM : 31 T 441760-5438020

P PARKING
près de la gare

T TRANSPORT
gare du Nord ligne H direction Valmondois

/ DÉNIVELÉE
altitude mini et maxi, dénivelée cumulée à la montée

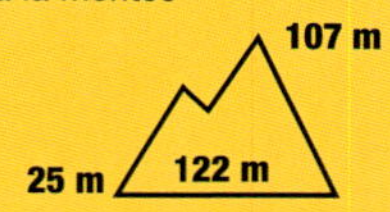

B BALISAGE **A5**
jaune

À DÉCOUVRIR...

> En chemin :
- Valmondois : moulin de la Naze, sentier du patrimoine
- Butry-sur-Oise : musée des Tramways à vapeur et des Chemins de fer secondaires

> Dans la région :
- Auvers-sur-Oise : église, cimetière avec tombe de Van Gogh, atelier Daubigny, musée Daubigny
- Nesles-la-Vallée : église Saint-Symphorien XIIe, fermes

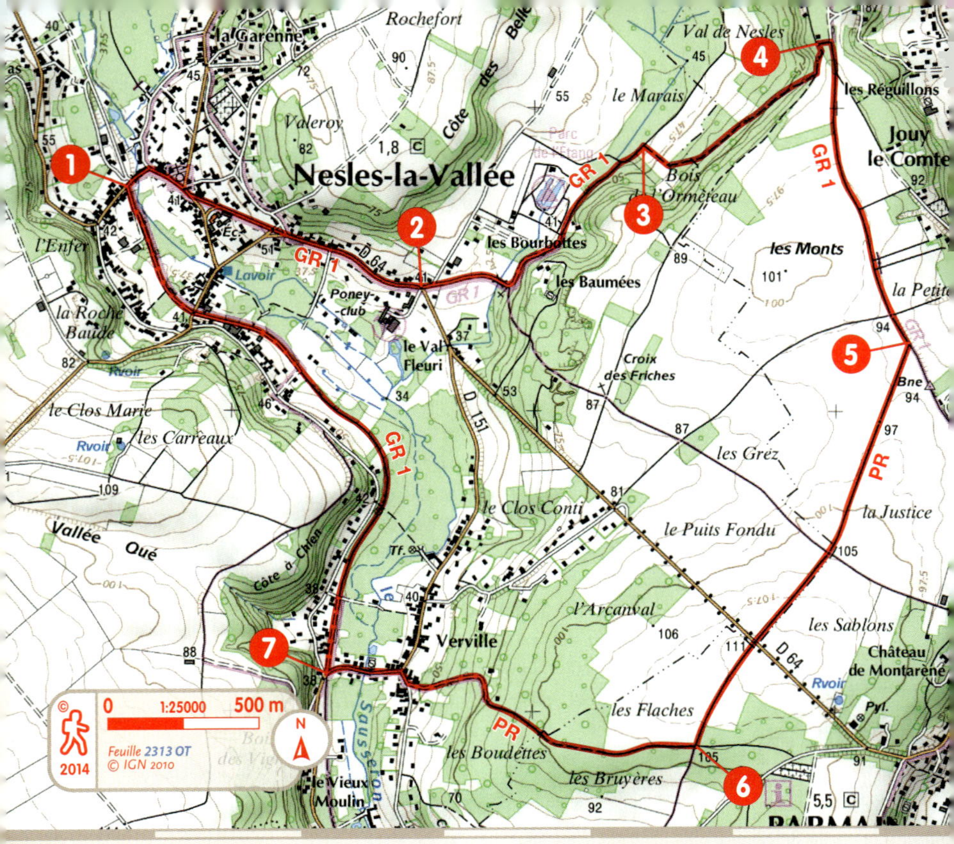

HISTOIRE

UN CHAR AÉROSTATIQUE AU-DESSUS DE NESLES-LA-VALLÉE

Le 1er décembre 1783, le physicien Jacques Charles et son mécanicien Robert Le Jeune se posent à Nesles-la-Vallée à bord du premier ballon gonflé à l'hydrogène. Malgré l'interdit de Louis XVI, ils ont quitté les Tuileries à 13 h 40. En deux heures, ils parcourent les neuf lieues les séparant de Nesles à bord de l'engin qu'ils ont baptisé le « Grand Globe ».

DESSIN R.C.
(D'APRÈS UNE GRAVURE D'ÉPOQUE)

Enthousiaste, Jacques Charles repart le soir même à bord de son aérostat, atteint l'altitude de 3000 mètres puis se pose à Hédouville. Les deux hommes étaient persuadés que les frères Montgolfier avaient utilisé l'hydrogène pour leurs ascensions et non l'air chaud. Grâce à cette méprise, ils réussirent à faire décoller leur machine qui allait servir de modèle plus d'un siècle durant.

Le **Sentier** du **Puits fondu**

À découvrir tout près de l'église, la ferme de Berteuil, ancien manoir seigneurial du XVIe siècle, doté d'un colombier.

ORCHIS MOUSTIQUE / DESSIN N.L.

1 Du parking, prendre à gauche la rue de la Falaise, et à l'angle de la boulangerie, la rue Pierre-Pilon à droite. Passer l'église et suivre la route de Parmain à gauche de la mairie.

2 Au tournant, à la sortie du village, prendre à gauche le chemin des Bourbottes. Passer derrière le camping du Parc-de-l'Étang.

3 À la sortie du bois, quitter le chemin pour prendre à angle droit le chemin qui monte vers le bois de l'Ormeteau.

4 Au sommet, à l'angle de la maison, virer à droite, puis tourner encore à droite à l'autre angle de la maison et continuer par le chemin à travers champs.

5 Prendre le deuxième chemin à droite *(cheminées d'aération des champignonnières dans les champs)*. Traverser la D 64 et descendre tout droit sur 500 m.

6 Tourner à droite. Le chemin longe la lisière par la droite et entre dans le bois pour descendre jusqu'au hameau de Verville. Emprunter la route à droite, puis remonter à gauche par la D 151.

7 À l'arrêt de bus, prendre à droite le chemin qui suit l'ancienne voie de chemin de fer sur 3,5 km et retrouver le foyer rural *(ancienne gare)* de Nesles-la-Vallée.

PHOTO PNRVF.

FACILE

3H • 9,5KM

S SITUATION
Nesles-la-Vallée, à 15 km au nord-est de Cergy-Pontoise par les D 922, D 915, D 27, D 927, D 79 et D 151
Coordonnées UTM : 31 T 439250-5442110

P PARKING
foyer rural (ancienne gare)

DÉNIVELÉE
altitude mini et maxi
dénivelée cumulée à la montée

35 m / 111 m / 126 m

B BALISAGE **A6**
jaune

À DÉCOUVRIR...

En chemin :
- Nesles-la-Vallée : église Saint-Symphorien XIIe, sentier du patrimoine
- ferme avec colombier
- vallée du Sausseron

Dans la région :
- Parmain : église Saint-Denis XIe et XVIIe, à la mairie
- Nesles-la-Vallée : croix des Friches

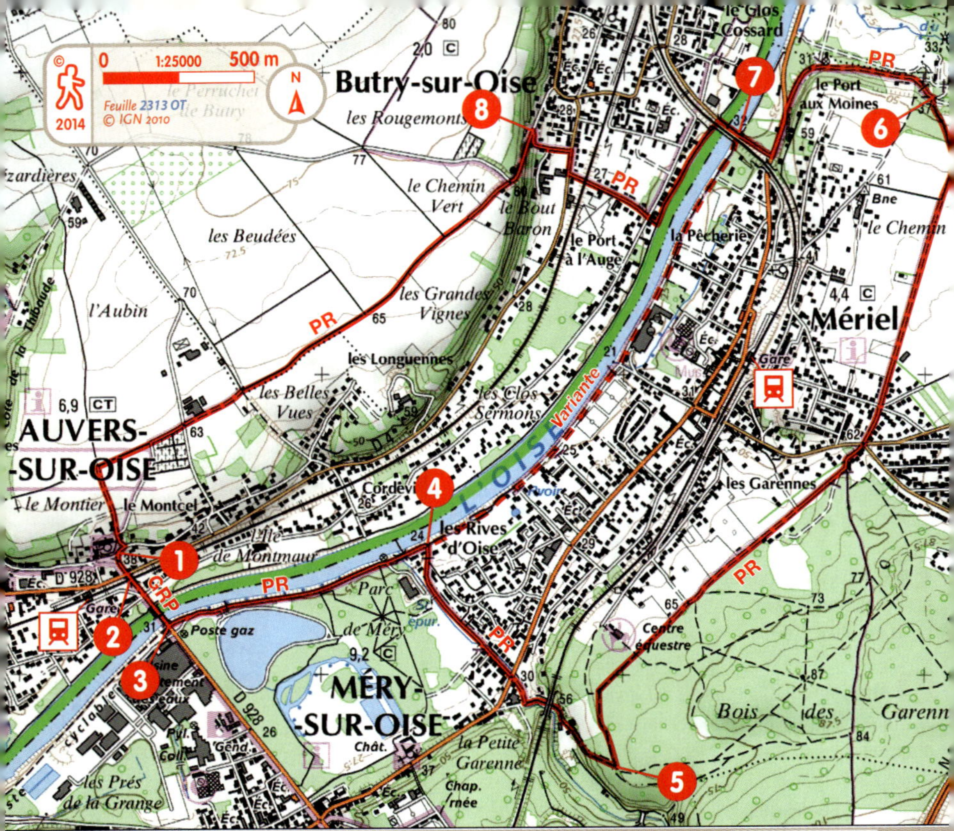

TECHNIQUES ET TRADITIONS

La pierre de Méry au Louvre et au Petit Palais

Au XIXe siècle, les carrières de Méry avaient une excellente réputation. Les roches, appelées « calcaire grossier de Paris », fournissaient l'une des plus belles pierres à bâtir. Pratiquée depuis longtemps déjà, cette activité prit son essor sous Napoléon III avec les grands travaux de modernisation conduits par le baron Haussmann, préfet de Paris. De nombreux monuments parisiens lui doivent leur construction : le palais Garnier et le Petit Palais, l'église de Vaugirard, le Palais de Justice, le ministère de la Guerre et une partie du palais du Louvre. Jusqu'en 1939, l'extraction se pratiquait à la main. Détaché, le bloc de pierre était placé sur un wagonnet tiré par un âne ou un cheval. Dès 1900, les blocs de pierre étaient acheminés jusqu'à Paris par le train depuis Auvers ou Méry.

Collection privée

Le Port aux Moines

MARTIN-PÊCHEUR / DESSIN P.R.

« C'est gravement beau », écrivait Vincent à Théo. Une incitation à découvrir le plateau d'Auvers.

1 De l'église, se diriger vers le pont.

2 Franchir la voie ferrée puis le pont d'Auvers en direction de Méry.

3 Après le pont, emprunter le chemin de halage à gauche sur 900 m, le long de l'Oise.

4 Après la troisième maison, prendre le chemin à droite. Traverser la D 922 et suivre le chemin en face. Passer sous le viaduc du chemin de fer et, par le petit sentier à gauche de l'appentis, entrer dans la forêt de Mériel (bois des Garennes). Monter sur 200 m.

5 À mi-côte, tourner à gauche. Le sentier passe derrière le centre hippique et suit la lisière du bois jusqu'aux premières maisons de Mériel. Au carrefour, prendre en face le chemin de Paris qui se prolonge par un chemin, dans les champs.

6 Descendre par la ravine vers Le Port-aux-Moines, à l'angle du parc du château de Stors. Au croisement, prendre à gauche la rue Perret, puis la D 922 à gauche. Avant le pont de chemin de fer, emprunter la route à droite sur 150 m et arriver au pont qui enjambe l'Oise.

> Variante : avant le pont, descendre les marches à droite, passer sous le pont et suivre les berges de l'Oise jusqu'au pont d'Auvers.

7 Franchir l'Oise par le pont routier. Descendre les marches et emprunter le chemin sur la berge à droite sur 500 m. Quitter le bord de l'Oise par l'allée à droite. Croiser la rue des Rayons et prendre la rue du Port-de-l'Auge. Après la jardinerie, traverser la voie de chemin de fer et remonter la D 4 à droite (rue Pasteur) sur 50 m, puis tourner à gauche dans la rue Crosnier.

8 Au bout, suivre à gauche la rue de la Cavée. Dans le virage, emprunter à gauche le chemin des Vallées-de-Butry. Il conduit au cimetière d'Auvers *(tombes de Théodore et Vincent Van Gogh)*. Longer le mur du cimetière, continuer par le chemin en face, puis descendre par le sentier à gauche et rejoindre l'église.

PR agréé® | 5

FACILE

3H • 9KM

S SITUATION
Auvers-sur-Oise, à 15 km au nord-est de Cergy-Pontoise par les A 15, N 184 et D 928
Coordonnées UTM : 31 T 439870-5435740

P PARKING
église

DÉNIVELÉE
altitude mini et maxi
dénivelée cumulée à la montée

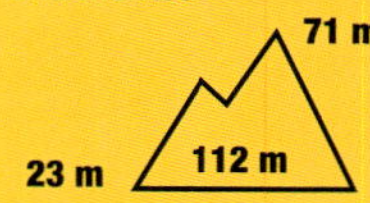

B BALISAGE **A8**
jaune

À DÉCOUVRIR...

> En chemin :
- Auvers-sur-Oise : l'église Notre Dame XIIe et XIIIe • rives de l'Oise
- cimetière d'Auvers-sur-Oise (tombes de Vincent Van Gogh et de son frère Théodore)

> Dans la région :
- Pontoise : cathédrale Saint-Maclou XIIe à XVIIIe, vestiges du château royal (remparts) XIIe et XVIe
- Mériel : musée Jean Gabin

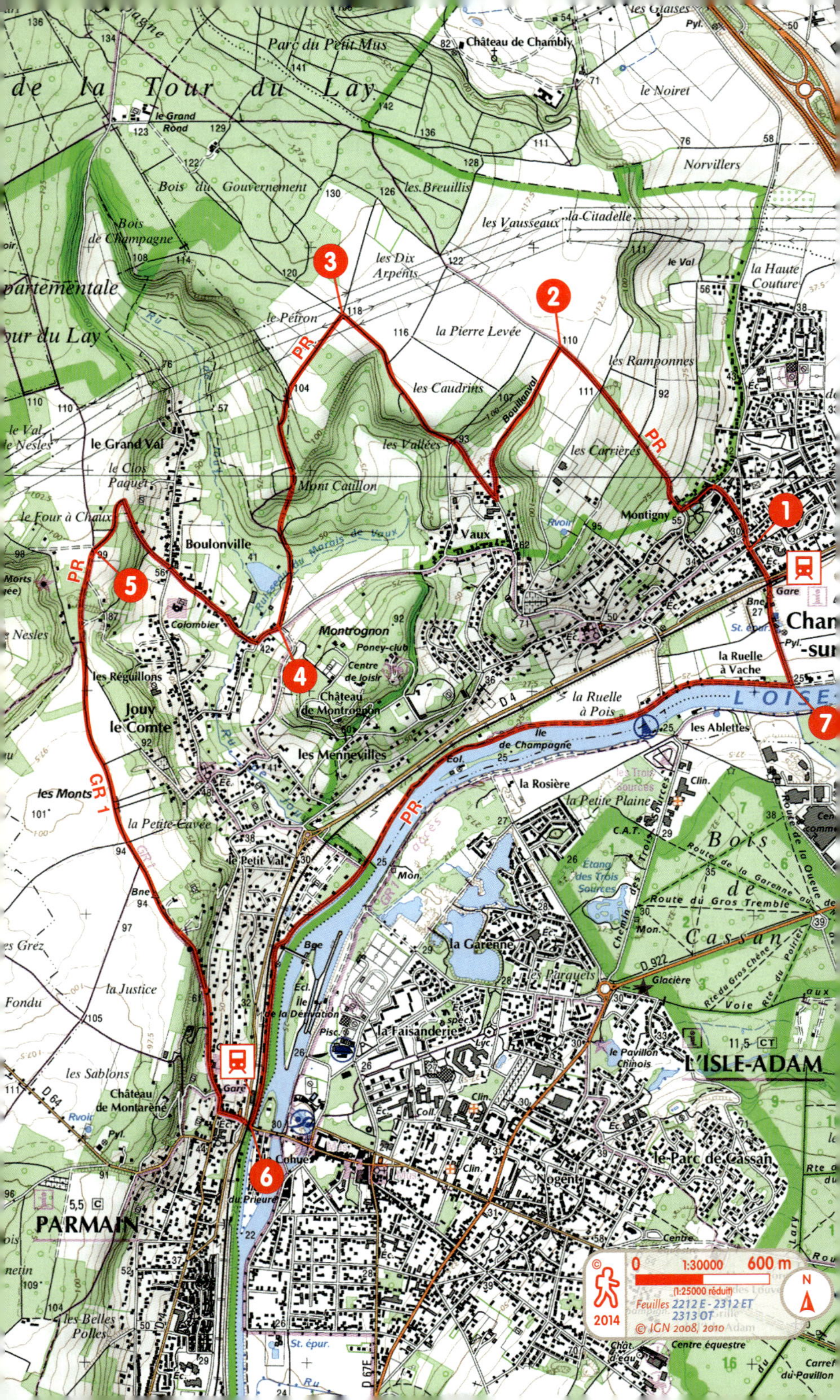
Parc du Petit Mus
Château de Chambly
de la Tour du Lay
le Grand Rond
le Noiret
Norvillers
Bois du Gouvernement
les Breuillis
la Citadelle
les Vausseaux
Bois de Champagne
les Dix Arpents
le Val
la Haute Couture
le Pétron
la Pierre Levée
les Ramponnes
les Caudrins
les Vallées
les Carrières
le Grand Val
le Val de Nesles
le Clos Paquet
Mont Cabillon
le Four à Chaux
Boulonville
Montigny
Vaux
Gare
Chan
-sur
Colombier
Montrognon
Poney-club
Centre de loisir
Château de Montrognon
les Réguillons
Jouy le Comte
la Ruelle à Vache
la Ruelle à Pois
L'OISE
les Ablettes
Île de Champagne
les Menneviles
la Rosière
la Petite Plaine
les Monts
la Petite Cavée
le Petit Val
Bois de Cassan
Étang des Trois Sources
Route du Gros Tremble
la Garenne
les Parquets
Glacière
la Justice
la Faisanderie
Île de la Dérivation
le Pavillon Chinois
L'ISLE-ADAM
les Sablons
Château de Montarène
Cohue
du Prieuré
le Parc de Cassan
Nogent
PARMAIN
les Belles Polles
St. épur.
Centre équestre
Carref. du Pavillon
GR 1
PR
0 1:30000 600 m
(1:25000 réduit)
Feuilles 2212 E - 2312 ET 2313 OT
© IGN 2008, 2010
2014
N

Le Haut de **Champagne**

Dénommé *Campagna Villa* à l'époque gallo-romaine et devenu Champagne-sur-Oise, le village dévoile son charme rural.

1 De la place de Verdun, traverser à droite la place Corentin et E.-Quideau. Prendre la rue de Chambly, passer devant le lavoir du Canard. Bifurquer rue Engenest légèrement sur la gauche, puis tourner à gauche rue de Montigny. Dans le virage, emprunter à droite le chemin de la Cavée et monter tout droit sur le plateau du Vexin.

2 En haut, suivre le deuxième chemin à gauche qui descend en pente forte au hameau de Vaux. Poursuivre par la rue du Bouillanval, puis monter à droite par la rue des Bois. Dans le virage, laisser la route et filer tout droit sur un chemin de terre.

3 Sous les lignes HT, tourner à gauche, passer une barrière. Le chemin traverse des taillis, puis pénètre dans un bois. À la sortie du bois, continuer en face jusqu'à la rue de Vaux.

4 Tourner deux fois à droite. Au carrefour, aller tout droit et monter sur le plateau du Vexin. Suivre le chemin à gauche et parvenir à un croisement en T.

5 S'avancer à gauche (CH2, sentier GR® 1) et garder la direction pour descendre jusqu'à Parmain. Par la rue du Maréchal-Foch à droite, puis la rue Guichard, rejoindre la gare.

6 Traverser la voie ferrée et prendre tout de suite à gauche le chemin de halage. Longer ainsi l'Oise sur 4 km. Dépasser le nouveau barrage entièrement automatisé, puis à un croisement en T, prendre en face en laissant à gauche la route pour un chemin de terre. Suivre l'Oise, passer devant l'île de Champagne *(sur la gauche, se situe l'église de Champagne, classée monument historique depuis 1862).*

7 Prendre la deuxième route à gauche, traverser la voie ferrée et emprunter l'avenue du Général-Leclerc jusqu'au parking de la place de Verdun.

BUSE VARIABLE / DESSIN P.R.

PR agréé® **6**

MOYEN

3H15 • 13KM

S SITUATION
Champagne-sur-Oise, à 26 km de Pontoise par la D 4
Coordonnées UTM :
31 T 444580-5442960

P PARKING
place de Verdun

T TRANSPORT
gare du Nord ligne H direction Valmondois puis Persan-Beaumont

DÉNIVELÉE
altitude mini et maxi, dénivelée cumulée à la montée

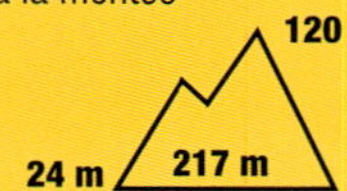

B BALISAGE **CH2**
jaune

À DÉCOUVRIR...

> En chemin :
- Boulonville : colombier
- bords de l'Oise

> Dans la région :
- Champagne-sur-Oise : église Notre-Dame-de-l'Assomption XIIe-XVIe bois de la Tour du Lay
- L'Isle-Adam : forêt domaniale

L'OISE, UNE VOIE AISÉMENT NAVIGABLE

La vallée de l'Oise a donné son nom au Val-d'Oise qu'elle partage en deux grands ensembles, le Vexin français qui s'étend jusqu'à l'Epte, frontière naturelle avec la Normandie, et la plaine de France prolongée par le Parisis. D'une longueur de 302 kilomètres, l'Oise prend sa source en Belgique, près de Chimay, et traverse trois régions : la Thiérache belge, la Picardie et l'Ile-de-France. Les trois dernières rivières dont elle reçoit les eaux sont vexinoises : l'Esches, le Sausseron et la Viosne. Les villes qui la jalonnent se sont formées au carrefour entre la rivière et les grandes voies routières.

L'Oise fut de tous temps une voie de communication aisément navigable : c'est aujourd'hui le troisième axe fluvial français par son trafic après le Rhin et la Seine. Elle fournissait, autrefois, une source d'énergie à l'industrie, la meunerie, mais aussi à l'activité textile ou à la construction mécanique.

HAMEAU DE JOUY-LE-COMTE, PARMAIN / PHOTO PNRVF.

HISTOIRE

Quand Jouy-le-Comte devient Parmain

Jusqu'à la Révolution française, Parmain ne fut qu'un modeste hameau de la paroisse de Jouy-le-Comte, qui se développa au milieu du XIXe siècle, avec l'arrivée du chemin de fer. Dès 1885, les habitants revendiquèrent la transformation du hameau en commune, arguant que la station de chemin de fer, les deux ponts sur l'Oise, ainsi que la mairie-école de Jouy-le-Comte, étaient situés sur le territoire de Parmain. Huit ans plus tard, une consultation populaire fut organisée alors que Jouy-le-Comte comptait 326 habitants et Parmain, plus du double, soit 662. Un référendum confirma en 1893 que « La commune de Jouy-le-Comte a pris le nom de Parmain ». Mais ce ne fut qu'en 1958 que Parmain vit la bénédiction de sa première église.

Église de Jouy-le-Comte / photo J.F.

0 1:25000 500 m
Feuilles 2212 E - 2312 ET
2313 OT
© IGN 2008, 2010
© 2014
N
Bois de la Tour du Lay
Forêt Départementale de la Tour du Lay
Parc du Petit Mus
Bois du Gouvernement
Bois de Champagne
Bois de Sandricourt
Bois Brûlé
le Bois Rouge
Château de Chambly
Amblaincourt
Centre équestre
la Houssemagne
le Noyer Brûlé
le Noiret
Norvillers
la Remise Ronde
les Breuillis
les Vausseaux
la Citadelle
les Dix Arpents
la Pierre Levée
les Ramponnes
le Val
la Haute Couture
Plaine des Branlards
les Carrières
les Caudrins
les Vallées
Bouillanval
Mont Catillon
le Pétron
Montigny
Vaux
Boulonville
le Grand Val
le Clos Paquet
le Four à Chaux
le Val de Nesles
le Colombier
le Trou à Morts (Hypogée)
Polissoir
la Picarde
les Sables Longs
la Plaine de Ret
le Grand Rond
Marais de Vaux
Gare
PR
1
2
3
4
5
6
7
D 4E

Le **Bois** de la **Tour du Lay**

Des sous-bois riches en jacinthes et lamiers jaunes, et le polissoir, un monument préhistorique découvert en 1969.

1 Du parking, traverser la rue des Martyrs, prendre la rue de Chambly sur 100 m et bifurquer à gauche dans la rue d'Engenest. Au croisement, emprunter à gauche la rue de Montigny jusqu'à la place du même nom.

2 S'engager à droite dans le chemin de la Cavée. Il monte sur le plateau. Entrer dans le bois de la Tour du Lay et parcourir 700 m jusqu'à l'intersection en T. Obliquer à gauche.

3 À l'intersection en X, prendre le chemin à droite sur 600 m. Traverser la route, poursuivre en face (chaîne) et longer la propriété. Le chemin monte à travers bois et traverse un premier croisement de chemins.

PIC ÉPEICHETTE / DESSIN P.R.

4 Au deuxième croisement de quatre chemins, prendre le deuxième à gauche.

5 À l'intersection, emprunter le large chemin à gauche sur 1 km jusqu'à un croisement. Se diriger à droite sur 200 m, puis prendre le chemin à gauche *(polissoir)*. Au carrefour en T, tourner à gauche vers l'orée du bois, puis sortir à droite et poursuivre par le chemin à travers champs.

6 S'engager sur le chemin à gauche en angle aigu. Il se prolonge en route et descend dans le hameau de Boulonville. Traverser la rue du Maréchal-Joffre et poursuivre en face par la rue de Vaux *(colombier à droite)*.

7 Au carrefour, continuer par la rue de Vaux à gauche. Elle se prolonge par la rue de Jouy. Descendre à droite la rue Patrix, passer le cimetière, traverser la rue d'Aire et prendre la rue qui mène à l'église de Champagne. Après l'église, emprunter à gauche la rue Notre-Dame, puis la rue Jules-Picard jusqu'à la place Quideau. Parcourir à droite la rue du Général-Leclerc jusqu'à la place de Verdun.

PR agréé® **7**

MOYEN

3H • 13KM

S SITUATION
Champagne-sur-Oise, à 26 km au nord-est de Cergy-Pontoise par les D 922, A 15, N 184, A 16, N 1 et D 4
Coordonnées UTM : 31 T 444580-5442960

P PARKING
place de Verdun

DÉNIVELÉE
altitude mini et maxi
dénivelée cumulée à la montée

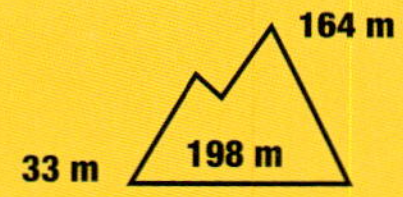

B BALISAGE **CH3**
jaune

À DÉCOUVRIR...

En chemin :
- bois de la Tour du Lay
- Boulonville : colombier
- Champagne-sur-Oise : église Notre-Dame-de-l'Assomption XIIe-XVIe

Dans la région :
- vallées de l'Oise et du Sausseron • Hédouville : chapelle Saint-Robert

PATRIMOINE BÂTI

La Tour du Lay

Chapelle Saint-Robert / dessin J.-H.T.

A la fin du XIIe siècle, le comte Matthieu III de Beaumont fonda avec son épouse Éléonor de Vermandois, le prieuré du Lay, consacré à Saint-Robert, sur la commune d'Hédouville. Le monastère fut, par la suite, rattaché à l'abbaye normande du Bec-Hellouin et l'église dédiée à Notre-Dame-du-Lay.

L'ancienne paroisse du Lay fut érigée en commune en 1790, relevant alors du canton de Beaumont-sur-Oise. Dix ans plus tard, la commune du Lay est adjointe à celle d'Hédouville, appartenant dès lors au canton de L'Isle-Adam. Si une grande partie des bâtiments fut démolie en 1755 sur ordre de Louis XV, il subsistait encore en 1850 le quadrilatère des murailles de l'enclos, ainsi que quelques bâtisses à l'époque habitées. Au début du XXe siècle, ces ruines étaient encore visibles et les pierres étaient alors réutilisées pour les constructions locales. Baptisé « la Tour du Lay », le site doit son nom à la forme de son très haut clocher aujourd'hui disparu, visible à plus de six lieues à la ronde.

MILIEUX NATURELS

Le Val de Nesles

La vallée du Sausseron a réussi à préserver une riche végétation, dont la diversité s'explique par la pente, l'ensoleillement ou encore la constitution du sol. Le site le plus intéressant de la vallée est sans conteste le val de Nesles, coteau calcaire au nord de Nesles-la-Vallée qui accueille une flore originale. Au printemps, apparaissent les clochettes violettes de l'Anémone pulsatille, les couronnes jaunes de la Coronille, les petites corolles blanches du Lin cathartique, ou encore la Véronique printanière aux teintes bleutées et le Genêt des teinturiers. Un peu plus tard, on trouve également la Germandrée petit-chêne, plante médicinale à fleurs violettes, l'Épiaire dressée aux clochettes blanc-jaunâtre, la Mauve velue et la Globulaire aux petites fleurs bleues réunies en capitules arrondis. Au pied du coteau, le marais du Val-de-Nesles est aujourd'hui presque entièrement boisé, mais l'Orchis négligé, la Laîche de Maire et le Potamot coloré y fleurissent encore.

ANÉMONE PULSATILLE / PHOTO N.V.

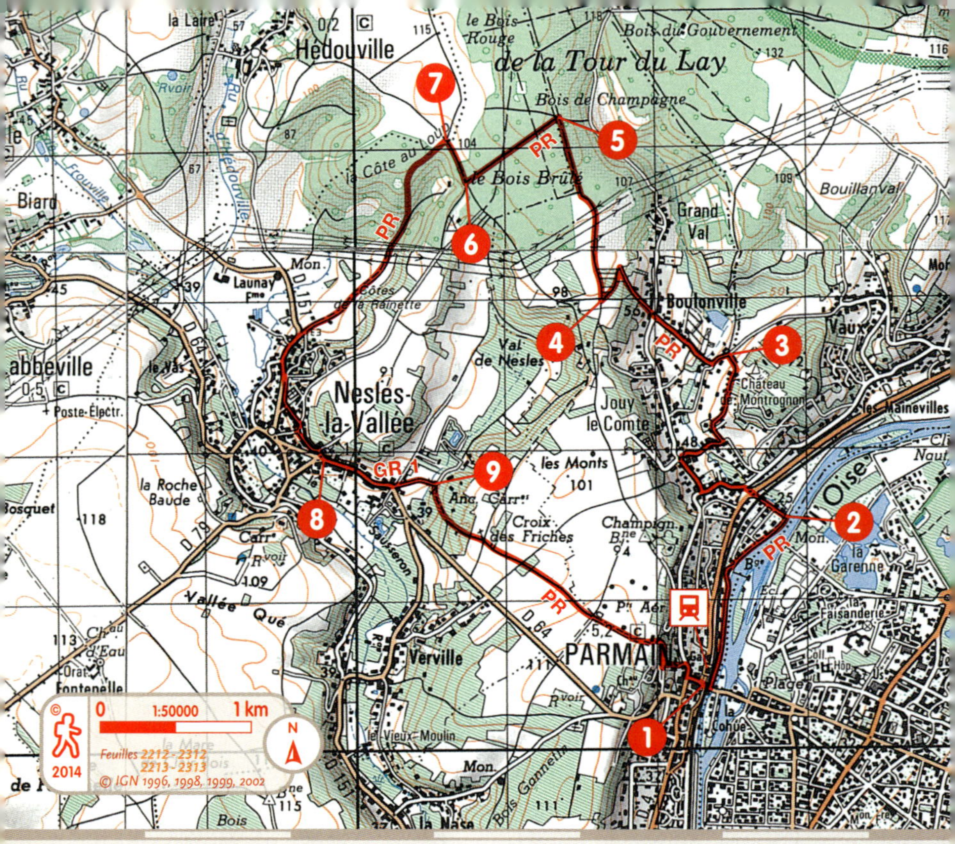

PATRIMOINE BÂTI

LA CROIX DES FRICHES, UN MONOLITHE À NESLES-LA-VALLÉE

PHOTO PNRVF.

À la sortie de Nesles-la-Vallée, la croix des Friches, marque l'intersection d'anciens grands chemins ruraux. Il s'agit d'une croix pattée taillée dans un seul bloc de calcaire. Elle présente quatre courtes branches élargies à leur extrémité. Cette croix est mentionnée sur un parchemin datant de 1206, établissant la limite entre les fiefs de Matthieu III, comte de Beaumont, et Anselme, seigneur de L'Isle-Adam. Un acte de 1474 confirme son rôle de borne de fief ou de juridiction. La croix des Friches est probablement une croix romane, bien qu'elle ait longtemps été considérée comme un vestige mérovingien. Datant généralement des XIIe et XIIIe siècles, les croix pattées constituent une particularité locale du patrimoine rural.

Le **Fond** du **Valmillon**

Des croix pattées et des vues superbes sur la vallée du Sausseron, un colombier du XVIe siècle, admirable construction pour 2 300 pigeons.

1 Traverser la voie ferrée au passage à niveau et prendre à gauche le chemin de halage qui longe l'Oise.

2 Emprunter à gauche la rue du Port-de-Jouy. Traverser la voie ferrée puis la D 4. Prendre la rue de Persan puis à droite la rue du Maréchal-Joffre jusqu'à l'église de Jouy-le-Comte. Suivre à droite la rue du Moulin et, au croisement, s'engager à gauche sur le chemin du Clos-Pollet.

3 Arrivé à la route de Jouy/Vaux, prendre à gauche. Au croisement, continuer à droite par la rue de Vaux *(colombier de Boulonville sur la gauche)*. Traverser la rue du Maréchal-Joffre et monter par le chemin du Chêne-Conti.

4 Au croisement en T sur le plateau, tourner à droite et entrer dans le bois de la Tour du Lay. Continuer sur 500 m.

5 Tourner à gauche. Ignorer deux intersections et poursuivre tout droit jusqu'à une barrière située à l'orée du bois.

6 Prendre à droite et longer une clôture. À son extrémité, prendre à gauche un sentier étroit qui s'élargit 20 m plus loin.

7 Descendre par le sentier dans le fond du Valmillon *(descente glissante)* délimité par une clôture de part et d'autre, jusqu'à un croisement en T. Prendre à droite le large chemin. Longer les terrains de tennis, entrer dans Nesles-la-Vallée. Suivre la rue Charles-et-Robert. Au premier croisement, emprunter la rue des Quatre-Vents à gauche jusqu'à la place du Château.

8 Tourner à gauche et suivre la rue principale. Dans le virage, à la sortie du village, emprunter le chemin des Bourbottes à gauche.

9 À hauteur de la croix pattée, monter dans le bois par le chemin à droite. À la sortie du bois, poursuivre et traverser le plateau. Passer devant la croix des Friches et continuer tout droit. Le chemin descend, longe le mur puis le grillage du château de Montarène. Au droit de ce grillage, prendre à gauche jusqu'à la gare de Parmain.

ÉGLISE DE JOUY-LE-COMTE / PHOTO PNRVF.

PR agréé® **8**

MOYEN

3H10 • 13KM

S SITUATION
Parmain, à 18 km au nord-est de Cergy-Pontoise par les D 922, D 915, D 27, D 927, D 79 et D 64
Coordonnées UTM : 31 T 442300-5440420

P PARKING
gare

DÉNIVELÉE
altitude mini et maxi
dénivelée cumulée à la montée

B BALISAGE **CH4**
jaune

! DIFFICULTÉS !
descente dangereuse entre **7** et **8** (glissante par temps de pluie)

À DÉCOUVRIR...

> En chemin :
- Nesles-la-Vallée : la croix des Friches (croix pattée), sentier du patrimoine
- Boulonville : colombier
- bois de la Tour du Lay
- Jouy-le-Comte : église Saint-Denis XIe et XVIIIe

> Dans la région :
- Valmondois : moulin de la Naze, sentier du patrimoine
- Ronquerolles : église Saint-Georges XIIe-XVIIIe (porche XVIe)

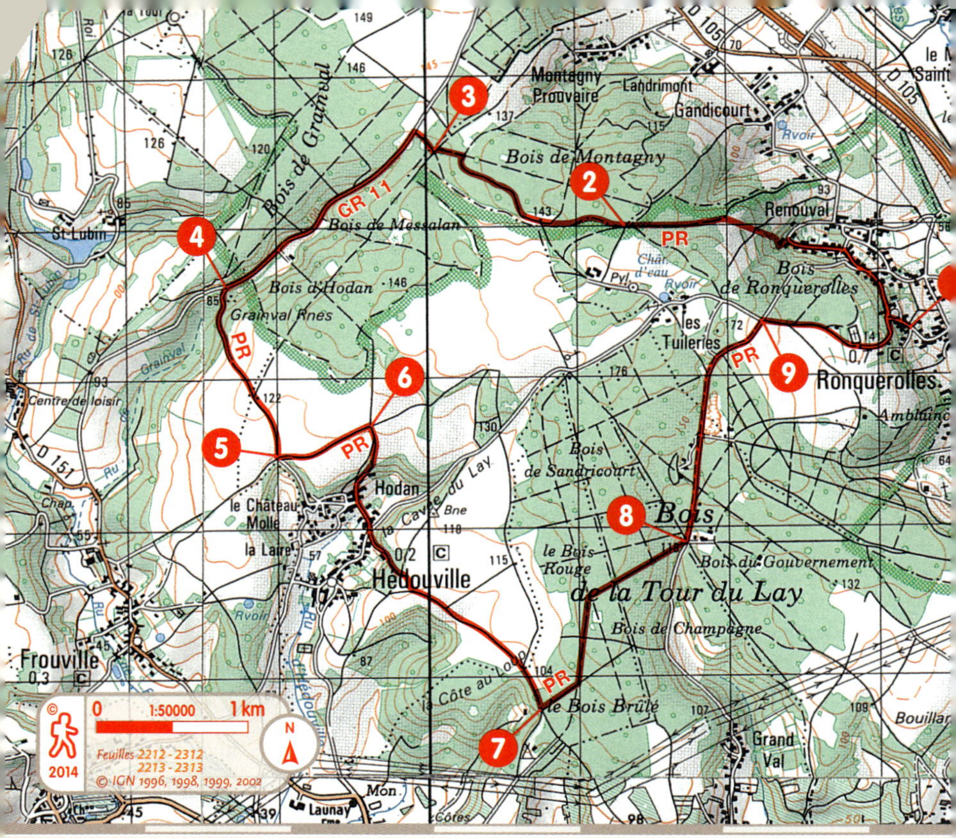

FAUNE ET FLORE

DES ORCHIDÉES DANS LA VALLÉE DU SAUSSERON

ORCHIS MILITAIRE / PHOTO N.V.

Fleurs aux formes fascinantes, les orchidées ne sont pas l'apanage des pays chauds. Le Vexin français accueille une trentaine d'espèces d'orchidées sauvages, non pas épiphytes comme leurs cousines tropicales, mais herbacées vivaces exclusivement terrestres. Ces orchidées poussent sur les pelouses calcaires en pleine lumière, dans les sous-bois ombragés riches en humus, ou encore dans les marais au fond des vallées. Elles fleurissent généralement entre la mi-avril et la fin juillet. Cependant, la flore de la vallée du Sausseron s'est appauvrie. Nombre d'espèces d'orchidées répertoriées ici au début du XXe siècle ont aujourd'hui disparu. À contempler… sans cueillir !

À l'Est du Vexin

Dans les bois, les ruines de la ferme de Grainval et le monument aux fusillés du maquis de Ronquerolles, triste souvenir de la Seconde Guerre mondiale.

1 Monter à droite en direction de l'église, continuer par la rue du Grateleux, à gauche la rue Honoré-Chéron et, à gauche, la ruelle de la Folle-Entreprise. En haut de la ruelle, prendre à droite le chemin qui monte à travers bois et, en haut, poursuivre. Le chemin traverse des champs puis pénètre dans le bois des Cailloux jusqu'à un croisement en T. Tourner à droite. Le chemin devient sablonneux.

2 À l'intersection de cinq chemins, bifurquer à droite sur le chemin qui longe une clôture. Traverser le champ, continuer sur 100 m, puis s'engager à droite sur le chemin qui pénètre dans le bois de Montagny. À la croisée, se diriger à gauche et arriver à un carrefour.

> Le monument aux morts se trouve à 100 m à droite par le sentier GR®11 *(balisage blanc-rouge)*.

3 Continuer tout droit, puis emprunter la petite route à gauche sur plus d'1 km.

4 Au croisement en Y, prendre la route à gauche. Passer à gauche des ruines de la ferme de Grainval. La route se prolonge en chemin.

5 Au croisement en X, à La Maladrerie, prendre le chemin à gauche et passer le hangar.

6 Emprunter le chemin à droite. Il se prolonge par une route qui descend à Hodan. Poursuivre tout droit par la Grande-Rue qui longe un parking et mène à Hédouville et à une bifurcation. Traverser la route et prendre, à gauche du parking, le chemin des Fortes-Terres. Il devient un chemin à travers champs et mène au bois de la Tour du Lay.

7 Dans le bois, au croisement, tourner à gauche. Passer une barrière en bois. À la bifurcation, aller à gauche, puis virer à droite et arriver au carrefour du Grand-Rond.

8 Emprunter la route à gauche. Elle se prolonge en chemin. À la bifurcation, obliquer à droite et déboucher dans le virage d'une route.

9 Suivre le chemin à droite. Il longe le bois de Ronquerolles. Passer un calvaire puis le cimetière et descendre la rue du Prieuré qui mène à Ronquerolles. Face à l'église, prendre à droite la Grande rue et retrouver le parking.

PR agréé® 9

MOYEN

3H30 • 14,5KM

S SITUATION
Ronquerolles, à 36 km au nord-est de Cergy-Pontoise par les A 15, N 184, N 1, D 4 et D 21
Coordonnées UTM : 31 T 443190-5446320

P PARKING
salle polyvalente

DÉNIVELÉE
altitude mini et maxi
dénivelée cumulée à la montée

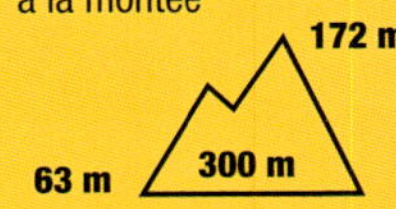

B BALISAGE **CH5**
jaune

À DÉCOUVRIR...

> En chemin :
• Ronquerolles : église Saint-Georges XIIe-XVIIIe (porche XVIe) • Frouville : ruines de la ferme de Grainval • bois de la Tour du Lay

> Dans la région :
• Hédouville : chapelle Saint-Robert, église de la Sainte-Trinité XIIIe-XVIe

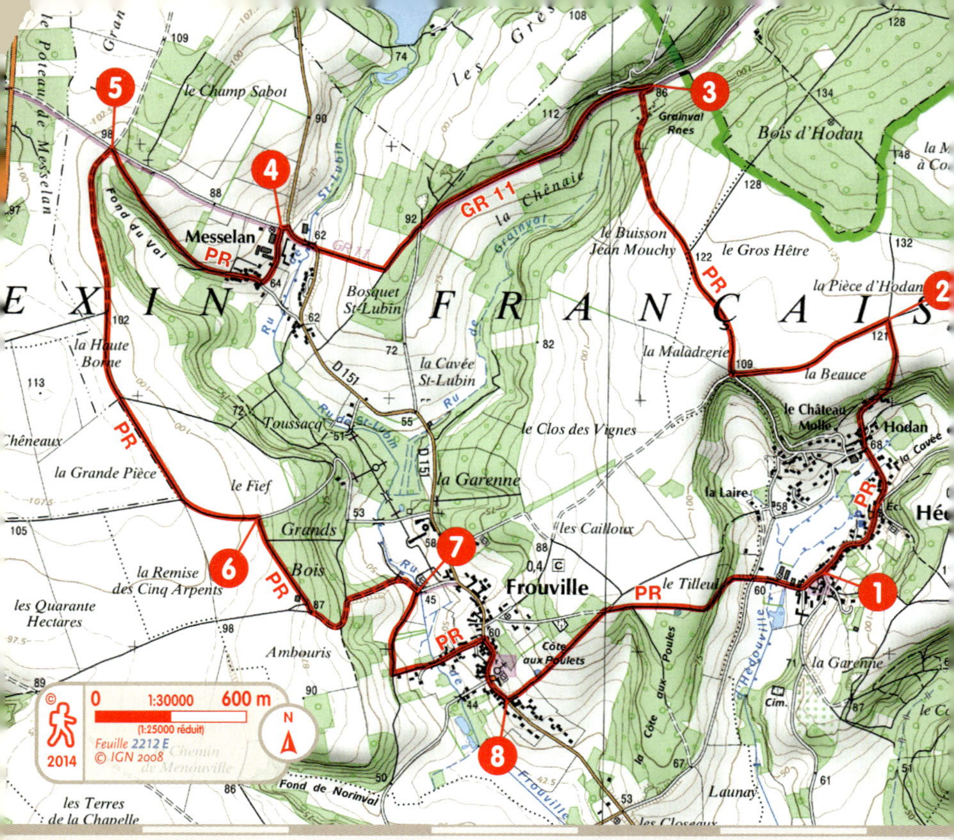

PATRIMOINE BÂTI

LE PATRIMOINE ET L'EAU

Le Vexin français conserve tout un patrimoine rural lié à l'eau. Généralement placées sous le vocable de la Vierge ou d'un saint et éventuellement dotées de vertus guérisseuses, les fontaines y sont nombreuses. Souvent remarquables, les lavoirs, en forme d'atrium, sont couverts d'un toit de tuiles. Hédouville conserve ainsi un lavoir alimenté par la source de la Sente-aux-Fouines (place de l'Ancien Lavoir), des fossés et traversées de l'eau dans le village. Frouville abrite encore une grande pièce d'eau dominée par une pyramide en pierre de taille comportant un arc roman, appelée la fontaine Moïse (XVIIIe siècle) et un ancien lavoir fait de pierres et de bois sur le ru de Frouville.

UN DES LAVOIRS DE FROUVILLE / PHOTO PNRVF.

Les **Quatre Villages**

Des villages riches en petit patrimoine rural et les ruines de Grainval, autrefois dépendance de l'abbaye du Bec-Hellouin.

RENARD / DESSIN P.R.

1 Prendre en contrebas la Grande rue vers Hodan puis la rue Edmond-Masse qui se prolonge par un chemin.

2 Au croisement sur le plateau, tourner à gauche. À La Maladrerie, aller à droite. Le chemin se prolonge par une route et passe près des ruines de la ferme de Grainval situées à droite.

3 Au carrefour, prendre la route à gauche sur 800 m, puis bifurquer sur le chemin à droite. Descendre à droite à Messelan, poursuivre par la D 151 et, dans le virage, continuer tout droit.

4 À l'angle du haras, prendre à gauche la rue Boudoche, puis à droite la rue du Pont-de-Messelan qui se prolonge par un chemin.

5 Au carrefour, emprunter le chemin à gauche. Laisser un chemin à droite et, au croisement suivant, tourner à gauche.

6 À la corne du Grand-Bois, longer la lisière à droite et descendre par la petite route à gauche. Elle mène à Frouville.

7 Après le lavoir, emprunter à droite le chemin herbeux. Descendre par le chemin à gauche. Il se prolonge par une route. Franchir le Sausseron *(lavoir à droite)*. Au carrefour, face à l'auberge Beau Séjour, prendre à droite la Grande-Rue. Passer l'église.

8 Avant la sortie du village, monter à gauche par le chemin de la Côte-aux-Poulets. Longer le bois et, au croisement, prendre le chemin à droite. Poursuivre tout droit. À l'extrémité d'un champ, le chemin descend parmi les taillis. En bas, couper la route et continuer en face par la rue de l'Abreuvoir vers Hédouville. Passer devant l'église et parcourir la Grande-Rue jusqu'au parking.

PHOTO PNRVF.

PR agréé® 10

MOYEN

3H • 11,5KM

S SITUATION
Hédouville, à 17 km au nord-est de Cergy-Pontoise par les D 922, D 915, D 27, D 927, D 79 et D 151
Coordonnées UTM : 31 T 439360-5444680

P PARKING
mairie

/ DÉNIVELÉE
altitude mini et maxi
dénivelée cumulée à la montée

B BALISAGE **CH6**
jaune

À DÉCOUVRIR...

> En chemin :
• Hédouville : église de la Sainte-Trinité XIIIe-XVIe • ruines de la ferme de Grainval • lavoirs sur le Sausseron • Frouville: église Saint-Martin XIIe

> Dans la région :
• Hédouville : chapelle Saint-Robert
• Haravilliers : pigeonnier

Gadancourt
Bois des Allées
la Vallée
la Maladrerie
le Chaud Soleil
Remise de la Justice
Bois Pendu
Ball-trap
Val des Vignes
les Groues Hervieux
les Plaines
l'Aubette
PR
la Jolivette
le Saugé
Chanteraine
St. épur.
le Moulin des Champs
Cim.
Carrefour des Quatre Chemins
Source du Puits Perdu
Source de la Peureuse
Source de la Douée
Avernes
Maison du Parc
Chât.
Théméricourt
le Moulin Neuf
Bois des Épinettes
le Champart
les Hyettes
le Fond des Gâts
les Moque-Panier
la Brosse
DU VEXIN
le Champ de l'Alouette
la Croix St-Lucien
Bois Breton
Bois Arraché
Bois Hermier
le Tringlet
Bois des Moque-Panier
Bois des Chaumarets
les Six Arpents
la Pierre au Loup
la Haie Visbec
les Groues
Fontaine St-Clair
Fond du Mesnil
Bois d'Huenville
Galluis
la Grue
la Vauzelle
Chem.
Sur le Faîte
Fond de la Gâtine
Frémainville
les Glaises
le Trou
le Souchet
les Grouettes
Montchevret
la Halotière
les Petites Soldes
le Buisson St-Sauveur
la Gâtine Ruines
Croix d'Orléans
le Cul Froid
le Fief
Sur le Parc
les Grès
les Vallées
les Censives
les Bouleaux
l'Aunaie
Chât.
Chap.
Gîte d'étape
le Chemin Neuf
les Sablons
la Maison Blanche
Rueil
Derrière St-Jean
Jambville
la Couture
Porte des Érables
le Nerprun
Champeron
le Gros Orme
1
2
3
4
5
6
7
© 2014
0
1:30000
600 m
(1:25000 réduit)
Feuille 2113 ET
© IGN 2010
N

Le **Plateau** du **Vexin français**

Visitez le musée du Vexin français et, de la Maison du Parc, partez à la découverte du monde agricole vexinois.

1 De la Maison du Parc, prendre à gauche et rejoindre la place Saint-Lô, longer l'église et continuer tout droit. À la croix, tourner à gauche, puis bifurquer sur le chemin à droite vers Avernes *(ancienne gare sur la droite).* Au carrefour, poursuivre en face, emprunter la rue à gauche et passer la mairie.

2 Prendre la rue de l'Église à gauche, puis emprunter à droite la ruelle qui longe l'église. Parcourir la route à droite, traverser la D 43 et continuer par le sentier en face. En haut, se diriger à droite sur 100 m.

3 Prendre à gauche la rue de la Mocque-Panier. Continuer tout droit. À la barrière, pénétrer dans le bois et tourner à gauche. À la fourche, aller à gauche jusqu'à une clairière. Monter à gauche. En haut, se diriger à gauche *(en contrebas, fontaine Saint-Clair)* sur 100 m.

4 Quitter le grand chemin et continuer tout droit sur 50 m. Prendre la route à droite. Elle mène à Frémainville. À l'entrée du village, laisser à gauche la ferme fortifiée, emprunter la rue du Château à droite, puis le chemin de la Grue. À la ferme de la Grue, suivre le chemin à gauche puis la rue de la Source. Tourner à gauche et, sur la place du village, se diriger à droite et passer la mairie.

5 À la bifurcation, partir à droite en direction de Meulan. Traverser la D 43 et continuer par le chemin à travers champs. Prendre la route à droite. Elle descend à Rueil. Passer le restaurant et, au croisement, aller à gauche. Au carrefour, monter tout droit par la route.

6 En face de la ferme, emprunter le chemin à gauche. Longer le pré. Le chemin surplombe le château. Traverser la route et continuer tout droit sur 500 m. Bifurquer à gauche pour éviter un chemin privé Au croisement, se diriger à droite. Suivre la route à gauche.

7 S'engager sur le chemin à gauche. À l'intersection, tourner à droite. Prendre la route à gauche sur 100 m, puis le chemin à droite en bordure d'un bois. À la barrière, utiliser le sentier le long du grillage. À la sortie du bois, poursuivre en face par le chemin de champs. Emprunter le chemin à gauche sur 200 m, puis le chemin d'exploitation à droite jusqu'à Théméricourt. Traverser la D 51, puis gagner à droite la Maison du Parc.

PR agréé® 11

MOYEN

4H• 16KM

S SITUATION
Théméricourt, à 15 km à l'ouest de Cergy-Pontoise par les D 14 et D 51
Coordonnées UTM : 31 T 419370-5437680

P PARKING
Maison du Parc

DÉNIVELÉE
altitude mini et maxi
dénivelée cumulée
à la montée

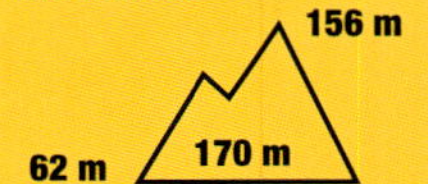

B BALISAGE **M3**
jaune

À DÉCOUVRIR...

En chemin :
• Théméricourt : château XVe (Maison du Parc), église Notre-Dame XIIe-XIIIe-XVe, musée du Vexin français • Avernes : église Saint-Lucien XIIe-XIXe • Frémainville : fontaine Saint-Clair XIXe, sentier du patrimoine

Dans la région :
• Wy-Dit-Joli-Village : fontaine Saint-Romain, musée de l'outil
• Guiry-en-Vexin : musée archéologique départemental, allée couverte néolithique du bois Couturier
• Frémainville : ancienne distillerie (privée)

ÉCONOMIE

La betterave dans le Vexin français

Le Vexin français offre des conditions particulièrement favorables à la culture des betteraves : des terres argilo-calcaires riches et profondes, et un climat tempéré et humide d'avril à septembre, avec des périodes ensoleillées et chaudes avant la récolte. Après l'arrachage, les betteraves sont transformées rapidement pour ne pas perdre leur richesse en sucre. Ainsi, dès les années 1860, les premières distilleries et sucreries se sont implantées à proximité des lieux de culture. Lavées et stockées dans une trémie, les betteraves sont passées dans un coupe-racine avant cuisson et extraction de la pulpe. Le jus est stocké, fermenté puis distillé dans une colonne à plateaux. L'alcool brut titre à 92 degrés. La distillerie de Frémainville traitait de 40 à 50 tonnes par jour, durant soixante-dix jours. Suite aux réglementations de 1954 sur la production d'alcool, les distilleries sont progressivement abandonnées, celles de Frémainville, Théméricourt, Us et Nesles-la-Vallée fermant vers 1965.

BETTERAVE / PHOTO PNRVF.

PATRIMOINE BÂTI

La Maison du Parc et le musée du Vexin français

Situé au cœur d'un magnifique domaine traversé par l'Aubette de Meulan, le château de Théméricourt accueille la Maison du Parc, siège administratif du Parc naturel régional du Vexin français. Bâti par Philippe de Théméricourt au XVe siècle, à l'emplacement d'un château ancien, il répond au modèle du manoir rural rencontré dans le Vexin français. Il a conservé son plan d'origine : deux corps de logis à étage, disposés en équerre, flanqués de quatre tourelles coiffées de toits en poivrière. Bâtiment typique du XVIe siècle, les communs du château accueillent le musée du Vexin français depuis le 30 septembre 2001. Le visiteur y découvre les spécificités et l'évolution du territoire à travers des réalisations audiovisuelles, des témoignages d'habitants et d'érudits et la collection d'objets d'art et de tradition populaire, réunie par Andrée et Rolland Vasseur. Il constitue également un point d'information touristique et de vente d'ouvrages, de topo-guides et de cartes sur le Vexin français.

Renseignements au 01 34 48 66 00.

Château de Thémericourt, Maison du Parc / photo PNRVF.

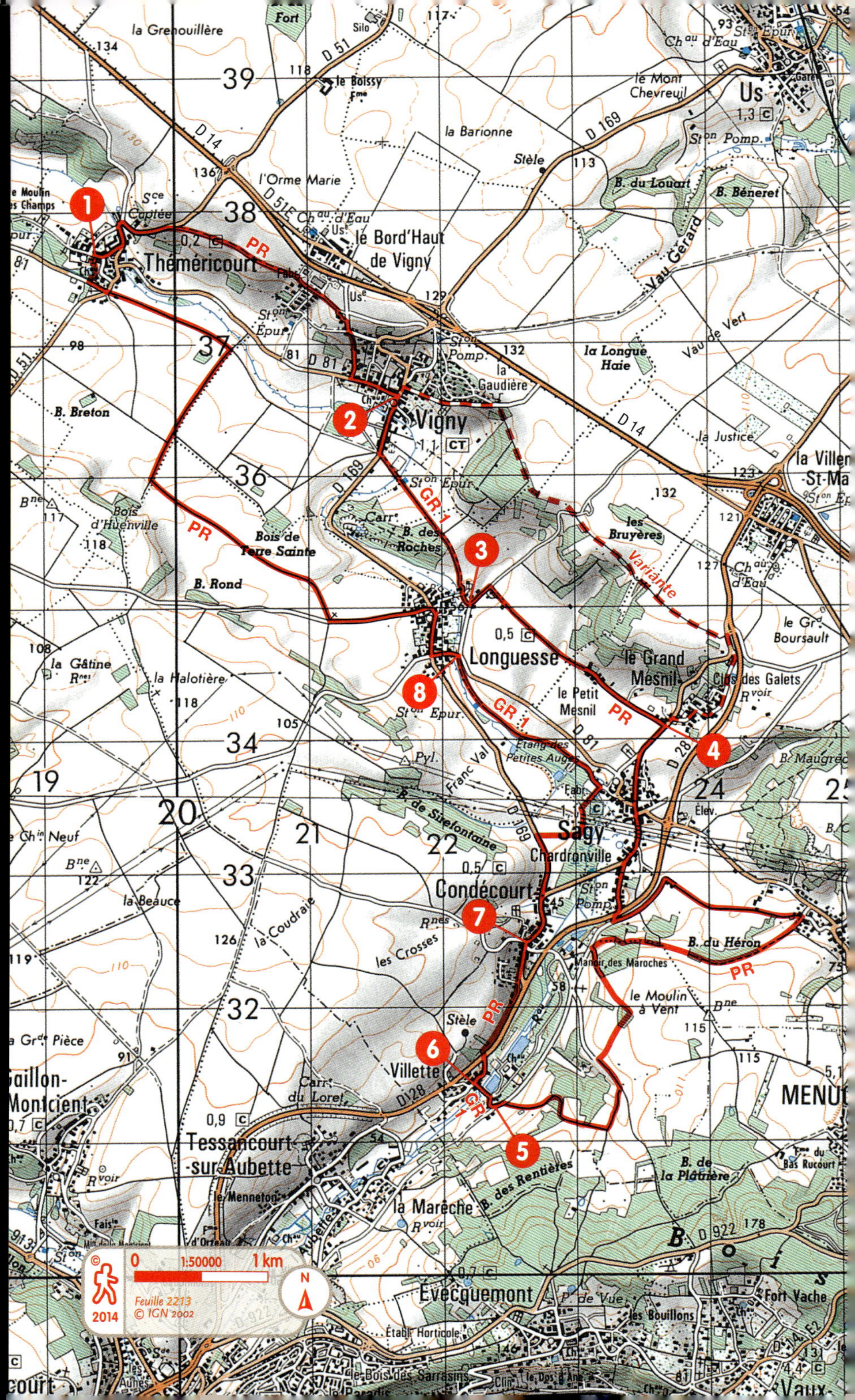

la Grenouillère
Fort
Silo
D 51
le Boissy
la Barionne
Ch^au d'Eau
Us
le Mont Chevreuil
Stèle
D 169
B. du Louart
B. Béneret
l'Orme Marie
D 14
D 51E
Ch^au d'Eau
le Bord'Haut de Vigny
Vau Gérard
Thémericourt
PR
Vigny
la Gaudière
la Longue Haie
Vau de Vert
la Justice
B. Breton
Bois d'Hueuville
la Villeneuve-St-Martin
les Bruyères
Variante
Bois de Terre Sainte
B. Rond
B. des Roches
GR 1
Longuesse
le Grand Mesnil
Clos des Galets
le Gr. Boursault
le Petit Mesnil
la Gâtine
la Halotière
Étang des Petites Auges
B. Maugrée
Franc Val
B. de Sirefontaine
Sagy
Chardronville
Condécourt
la Beauce
la Coudraie
les Crosses
Manoir des Maroches
B. du Héron
le Moulin à Vent
Villette
Stèle
Tessancourt-sur-Aubette
Carr. du Loret
Gaillon-Montcient
B. des Rentières
B. de la Plâtrière
la Marêche
Évecquemont
Fort Vache
les Bouillons
Étabt Horticole
MENU
le Bois des Sarrasins
1
2
3
4
5
6
7
8
0
1:50000
1 km
Feuille 2213
© IGN 2002
2014
N

La Vallée de l'Aubette

En suivant la rivière, artisanat, passé agricole et patrimoine historique se mêlent harmonieusement.

1 Du château, prendre à droite la rue Achim-Abos, puis la rue de la Ferme-Jaucourt et la D 151 à gauche pour sortir du village. S'engager sur le chemin à droite. Emprunter la route à droite et, au croisement, poursuivre en face par le chemin Bourbier. Parcourir la D 81 à gauche et longer l'enceinte du château de Vigny.

> Variante : prendre à gauche la D 169, la rue à droite sur 700 m et tourner à droite le long du parc de Vigny ; couper la route, continuer, emprunter à droite la rue qui traverse le hameau du Grand-Mesnil puis la route à gauche.

2 Sur la place, prendre à droite la rue de la Comté. À la sortie du village, emprunter le chemin à gauche jusqu'à Longuesse. Laisser le pont à droite et gagner un croisement.

3 Tourner à gauche. Après le cimetière, partir à droite, traverser Le Petit-Mesnil, poursuivre par la route et passer le musée de la Moisson.

4 Sur la place de Sagy, continuer tout droit, prendre la deuxième rue à gauche. Traverser la D 28, tourner à gauche et emprunter le chemin de terre. À l'entrée de Saillancourt, tourner à droite, puis poursuivre par le chemin du Héron. Il longe le bois. À la route, s'engager à gauche sur le chemin du Moulin-à-Vent. Virer dans le bois à droite. Au croisement en T, aller à gauche, à la fourche, partir à droite. À l'entrée du bois, descendre à droite.

5 Couper la route et poursuivre en face le long du mur du château de Villette.

6 Prendre à droite la rue de la Ferme. Passer sous la D 28 et poursuivre jusqu'à Condécourt. À l'entrée du village, continuer par la rue de la Libération.

7 À l'église, emprunter la D 169 puis le chemin à droite. Au stade, tourner à gauche et longer le vallon.

8 À Longuesse, prendre à gauche la rue de l'Aubette (pont et lavoir) puis à droite la Grande-Rue. Après l'église, suivre à gauche la D 169, puis la rue des Baudes à gauche. Sur le plateau, à la croix, emprunter le chemin à droite sur 2 km, puis le chemin à droite vers les silos et le deuxième chemin à gauche. Il mène à Théméricourt. Traverser la D 51, puis gagner à droite la Maison du Parc.

PR agréé® 12

DIFFICILE

6H • 24KM

S SITUATION
Théméricourt, à 15 km à l'ouest de Cergy-Pontoise par les D 14 et D 51
Coordonnées UTM : 31 T 419370-5437680

P PARKING
Maison du Parc

DÉNIVELÉE
altitude mini et maxi
dénivelée cumulée à la montée

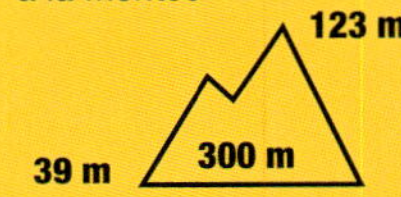

B BALISAGE **M4**
jaune

! DIFFICULTÉS !
prudence en traversant la D 28 entre **4** et **5**

À DÉCOUVRIR...

> En chemin :
• Théméricourt : musée du Vexin français, château XVe (Maison du Parc)
• Vigny : château (privé) XVIe-XIXe, sentier du patrimoine
• Sagy : musée de la Moisson
• Condécourt : château de Villette (privé), église Saint-Pierre-aux-Liens XIIe-XVIIIe • Longuesse : lavoir, église Saint-Gildard XIIe-XVIe

> Dans la région :
• Théméricourt : ferme brasserie du Vexin (bière bénéficiant de la marque *Produit du Parc*)

LE MUSÉE DU VEXIN FRANÇAIS / DESSIN C.Q.

GASTRONOMIE

LA BIÈRE DU VEXIN

Le 5 mai 2001 naquit la « bière du Vexin ». Brigitte et Denis Sargeret, jusque-là cultivateurs de céréales, ouvrent une ferme-brasserie à Théméricourt. Désireux de diversifier leur activité, ils décident de consacrer la moitié de la production d'orge de printemps à la fabrication de la bière. L'orge est envoyée en Belgique pour la transformation en malt. Denis procède ensuite au brassage, à la fermentation et au conditionnement de la bière sur place. Plusieurs bières sont proposées : la blanche (composée d'orge et de blé), la blonde, l'ambrée et la Véliocasse, une bière ambrée enrichie d'une touche de miel. Depuis 2003, la bière du Vexin accumule les médailles au Concours général agricole. Elle bénéficie également de la marque « Produit du Parc naturel régional du Vexin français ».

TECHNIQUES ET TRADITIONS

LE MUSÉE DE LA MOISSON

Depuis six mille ans, les hommes pratiquent la culture de céréales dans le Vexin français. Cette production occupe aujourd'hui encore 60 % de la surface cultivée. Aménagé dans un ancien corps de ferme, au hameau du Petit-Mesnil à Sagy, le musée de la Moisson raconte un siècle d'histoire et de pratiques agricoles dans le Vexin français. Ce maillon de l'écomusée du Parc naturel régional du Vexin français est ouvert depuis septembre 2000. Le visiteur y découvre le lien entre les progrès techniques et les mutations sociales du monde agricole vexinois à travers un film et une collection de machines (moissonneuses-lieuses, trépigneuses…) et outillages tels que houes, charrues attelées, faux ou encore fléaux et cribles pour le battage. Depuis 1985, l'Association des Moissonneurs et la commune de Sagy ont uni leurs efforts pour réunir la collection du musée. Tous les deux ans, le deuxième dimanche de septembre, lors de la fête de la moisson, les techniques de battage à l'ancienne sont remises à l'honneur.

Renseignements au 01 34 66 39 62.

LA « LOCOMOBILE », MUSÉE DE LA MOISSON À SAGY / PHOTO D.B.

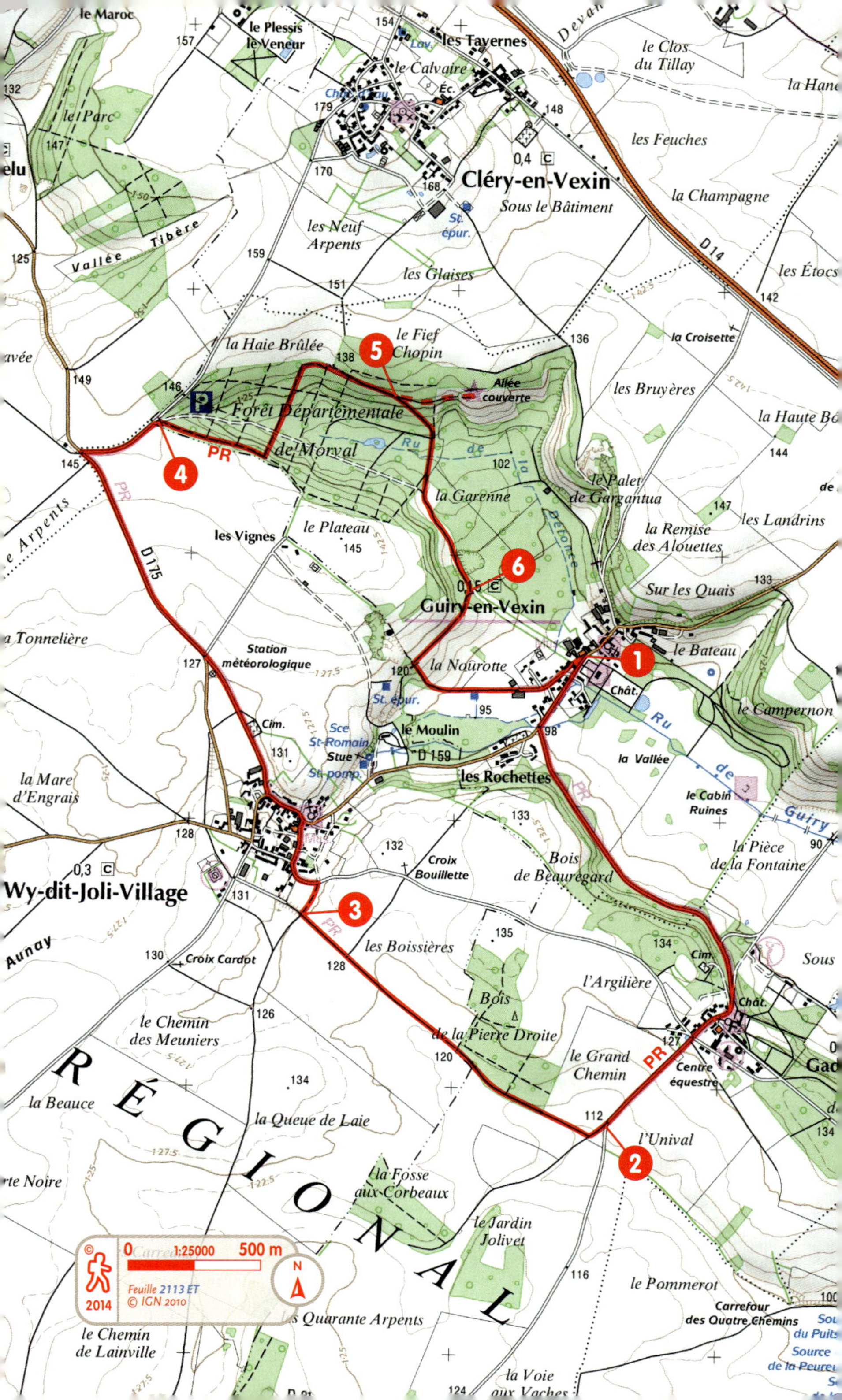

le Maroc
le Plessis le Veneur
les Tavernes
le Calvaire
Lav.
Chât. d'eau
Éc.
le Clos du Tillay
la Hane
les Feuches
0,4 C
Cléry-en-Vexin
Sous le Bâtiment
la Champagne
St. épur.
les Neuf Arpents
les Glaises
D14
les Étocs
le Parc
Vallée Tibère
la Haie Brûlée
le Fief Chopin
Allée couverte
la Croisette
les Bruyères
la Haute Bo
Forêt Départementale de Morval
PR
Ru de la Gar
la Garenne
le Palet de Gargantua
les Landrins
la Remise des Alouettes
les Vignes
le Plateau
D175
Guiry-en-Vexin
0,5 C
Sur les Quais
le Bateau
la Tonnelière
Station météorologique
la Noûrotte
Chât.
St. épur.
le Campernon
Cim.
Sce St-Romain
Stue
St. pomp.
le Moulin
D 159
les Rochettes
Ru de Guiry
la Vallée
le Cabin Ruines
la Mare d'Engrais
Croix Bouillette
Bois de Beauregard
la Pièce de la Fontaine
0,3 C
Wy-dit-Joli-Village
les Boissières
Croix Cardot
Aunay
l'Argilière
Cim.
Sous
Bois de la Pierre Droite
Chât.
le Grand Chemin
Centre équestre
Gad
le Chemin des Meuniers
la Beauce
la Queue de Laie
l'Unival
RÉGIONAL
la Fosse aux Corbeaux
le Jardin Jolivet
le Pommerot
Carrefour des Quatre Chemins
Source du Puits
Source de la Peureu
les Quarante Arpents
le Chemin de Lainville
la Voie aux Vaches
0 1:25000 500 m
© 2014
Feuille 2113 ET
© IGN 2010
N
1
2
3
4
5
6

Autour du **bois de Morval**

Des fonds frais au sommet de la butte, par l'allée couverte, le circuit chemine en un paysage de causse méridional.

1 Du parking, suivre la rue Saint-Nicolas en direction de Wy-dit-Joli-Village, puis prendre la route à gauche en direction de Gadancourt. Au village, passer devant le château et l'église et continuer tout droit par la rue des Bruyères qui mène à la sortie du village. Traverser la route Avernes – Wy et poursuivre en face.

2 Au premier embranchement, dans le virage, prendre le chemin en face, puis le premier à droite. Dépasser un bois et arriver à un carrefour juste avant les premières maisons de Wy-dit-Joli-Village.

3 Tourner à droite, puis à gauche sur la route. Par la rue de la Mairie à droite, passer devant le musée de l'Outil, puis tourner à gauche à l'église. À la placette, bifurquer à droite pour sortir du village. Au carrefour après le cimetière, filer tout droit sur la D 175, puis à la bifurcation marquée d'une maison (ancienne gare), poursuivre à droite en direction du bois de Morval.

4 En lisière, s'engager sur l'allée principale sur 20 m, puis tourner à droite sur l'allée forestière. À l'intersection suivante, prendre à gauche l'allée qui franchit le vallon et monte sur l'autre versant. En haut, le chemin vire à droite et atteint une bifurcation.

> Possibilité d'aller jusqu'à l'allée couverte à 300 m en prenant à gauche (revenir par le même chemin).

5 Redescendre en sous-bois jusqu'à l'allée principale ; la prendre sur la gauche *(une grande prairie occupe le fond de vallon, aménagée de tables de pique-nique)*.

6 Au bout de la prairie, prendre à droite un chemin qui longe l'ancien parc du château jusqu'à Guiry. Rejoindre ainsi la rue du Lavoir, puis la rue Saint-Nicolas et le parking à gauche.

GRENOUILLE ROUSSE / DESSIN P.R.

PR agréé® 13

FACILE

3H • 9,5KM

S SITUATION
Guiry-en-Vexin, à 21 km au nord-ouest de Cergy-Pontoise par les A 15, N 14 et D 159
Coordonnées UTM : 31 T 416030-5440110

P PARKING
Grande-Rue, près du musée archéologique départemental

T TRANSPORT
RER ligne C Pontoise ou gare du Nord ligne H direction Pontoise, puis bus direction Bray-et-Lû ou Magny-en-Vexin

DÉNIVELÉE
altitude mini et maxi
dénivelée cumulée à la montée

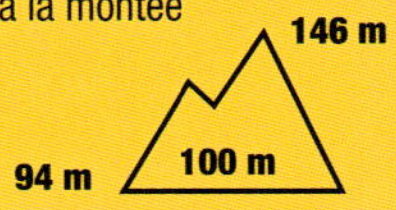

B BALISAGE **M6**
jaune

À DÉCOUVRIR...

> En chemin :
• Gadancourt : château (privé) • Guiry-en-Vexin : musée archéologique départemental
• bois de Morval
• allée couverte néolithique du bois Couturier
• Wy-dit-Joli-Village : musée de l'Outil

> Dans la région :
• Guiry-en-Vexin : croix pattée dite « la Croisette » XIIIe • Théméricourt : musée du Vexin français
• Wy-dit-Joli-Village : château d'Hazeville avec pigeonnier (privé)
• Commeny : maison du Pain

PATRIMOINE BÂTI

L'ALLÉE COUVERTE DU BOIS-COUTURIER

L'allée couverte du Bois-Couturier compte parmi les plus beaux monuments mégalithiques du Vexin français. Classée Monument historique en 1958, elle mesure 8,50 m de long sur 2 m de large et 1,45 m de haut. Sa chambre funéraire est la seule du Val-d'Oise à posséder des parois de pierres sèches. Vestibule et couverture sont faits de dalles calcaires. Le Bois-Couturier est par ailleurs l'unique dolmen du département dont le chevet est arrondi. L'accès du vestibule à la chambre funéraire se fait par un trou ovale pratiqué dans une grande dalle verticale. Fait très rare, le « bouchon de pierre » a été trouvé sur les lieux. Il fait maintenant partie de la collection du musée archéologique départemental de Guiry-en-Vexin qui abrite également une collection d'intérêt national. La visite permet de parcourir trois salles consacrées à cette période fondamentale que fut le Néolithique. Une salle est consacrée à la géologie régionale.

ALLÉE COUVERTE / PHOTO PNRVF.

MILIEUX NATURELS

LE BOIS DE MORVAL

Le bois de Morval possède un patrimoine naturel remarquable dû, entre autre, à la diversité des formations végétales présentes : milieux ouverts et semi-ouverts (pelouse, verger, mare), haies et lisières, milieux forestiers (chênaie-ormaie à Mercuriale, aulnaie-frênaie rivulaire). Entouré de cultures céréalières et de plantations telles que les peupleraies, le bois de Morval constitue un maillon dans un réseau de petits bois répartis dans la vallée. Ce réseau est particulièrement important pour les oiseaux, les reptiles, les amphibiens et les insectes. Les milieux ouverts qui s'étaient boisés progressivement suite à des plantations ou à l'abandon de gestion sont en cours de restauration, notamment grâce à la mise en place de pâturage ovin. Une partie des résineux a été éliminée afin de retrouver des espaces de prairies.

PHOTO PNRVF.

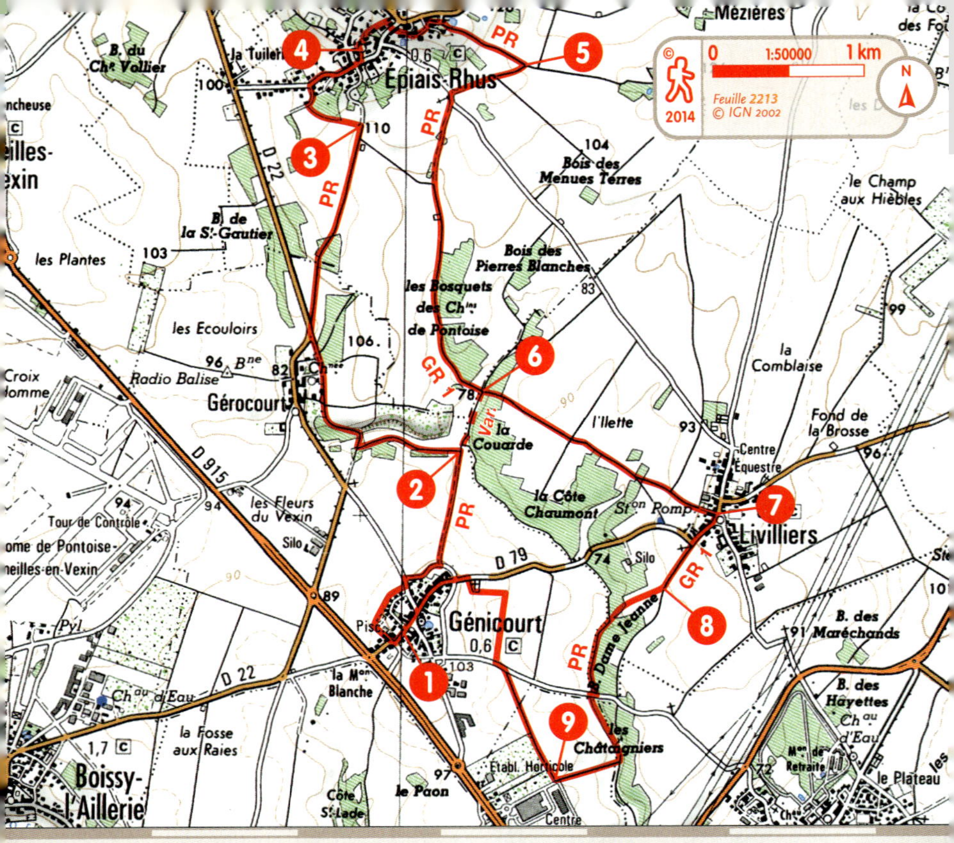

LA CLOCHE DE L'ÉGLISE D'ÉPIAIS-RHUS

La cloche de l'église d'Épiais-Rhus date de 1780. Elle a cessé de fonctionner dans les années 1990 à cause d'une fêlure à sa base et d'éléments qui devaient être remplacés. Le beffroi ayant été restauré en 2009, la municipalité a décidé en 2010 de fondre une nouvelle cloche et d'exposer l'ancienne dans un transept de l'église. Cette opération a été une vraie aventure : la société Cornille-Havard à Villedieu-les-Poêles, fondeur de renom, a été retenue et des épiaisrhussiens ont assisté à la coulée au printemps 2011 puis au démoulage deux mois et demi après.

Au final, des semaines de travail sont sanctionnées par une coulée de métal qui dure 33 secondes. La cloche a été baptisée le 15 octobre 2011 lors d'une cérémonie par l'évêque de Pontoise dans une église qui, ce jour-là, était trop petite pour accueillir toute la foule curieuse de la découvrir. Elle tinte maintenant tous les jours !

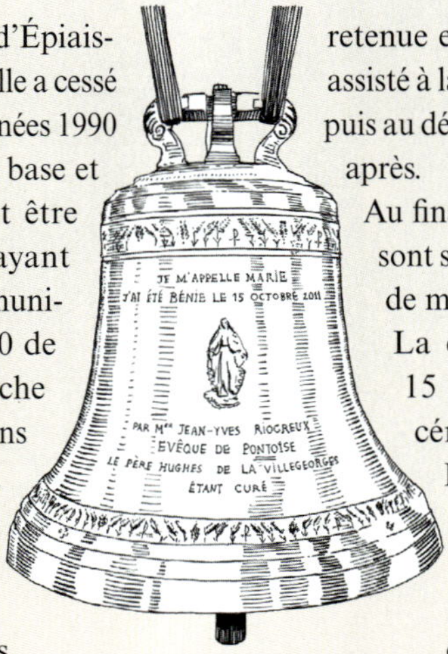

LA NOUVELLE CLOCHE / DESSIN F.B.

La Grande Pièce

Partez à la découverte de fermes et villages traditionnels, et longez la « grande pièce », espaces cultivés au sud d'Épiais-Rhus.

1 Longer la mairie par le bas et passer derrière les tennis. Traverser la D 22, l'emprunter à gauche sur 50 m, puis prendre à droite l'impasse des Morvilliers. Tourner à gauche au premier chemin, puis prendre de nouveau le premier chemin à gauche vers le fond de l'Arche.

> Tout droit, la variante permet de rejoindre 6 directement.

2 Continuer en passant derrière la ferme de Gérocourt jusqu'à la D 22. S'engager tout de suite dans le chemin à droite.

3 En arrivant sur Épiais-Rhus, emprunter le premier chemin à gauche jusqu'au chemin de l'Isle ; le suivre à droite pour arriver à la rue de Normandie. La remonter jusqu'à l'église.

4 Passer derrière l'église, rejoindre la rue du Pressoir et prendre immédiatement à droite la sente des Allées. Continuer jusqu'à son extrémité pour déboucher sur la rue Saint-Didier. La traverser et descendre de 20 m pour rejoindre la place Saint-Jean. Emprunter la sente du Croton ; à sa sortie, tourner à gauche puis prendre à droite le chemin de la Moussette *(admirer le paysage dans la descente).*

5 Prendre le premier chemin à droite jusqu'à la croix d'Allon. Suivre la route à gauche sur quelques mètres et tourner à droite. Aller toujours tout droit en direction de Livilliers (GR® 1).

> Laisser à droite au bois aux Lapins le chemin qui rejoint Gérocourt par la variante (2).

6 Poursuivre jusqu'à Livilliers.

7 Dans le village, passer derrière l'église et descendre à droite sur la route. À la croix, prendre le chemin à gauche.

8 Emprunter le premier chemin à droite (on quitte le GR® 1). Traverser la route, continuer jusqu'à retrouver à nouveau le GR® 1, puis le quitter immédiatement en prenant le chemin à droite qui remonte vers la zone commerciale.

9 S'engager dans le premier chemin à droite. Remonter la route sur 20 m et tourner à droite sur le chemin qui longe des vergers. Prendre le premier chemin à gauche qui passe devant le cimetière. Continuer sur le chemin qui surplombe la D 79, puis la rejoindre pour traverser le village ; passer devant l'église et retrouver la mairie et le parking.

PR agréé® **14**

MOYEN

4H • 16,5KM

S SITUATION
Génicourt, à 2 km au nord de Cergy-Pontoise
Coordonnées UTM :
31 T 431870-5437670

P PARKING
mairie de Génicourt

/ DÉNIVELÉE
altitude mini et maxi
dénivelée cumulée
à la montée

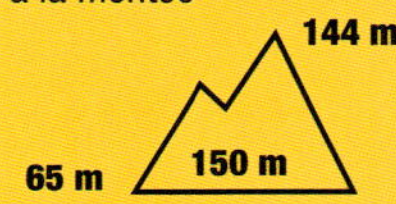

B BALISAGE **VS4**
jaune

À DÉCOUVRIR...

> En chemin :
- Épiais-Rhus : église Notre-Dame, ferme seigneuriale, croix d'Allon, mare, colombier
- ferme de Gérocourt
- Livilliers : église Notre-Dame de la Nativité

> Dans la région :
- Gérocourt : chapelle Notre-Dame-des-Neiges
- Épiais-Rhus : site archéologique gallo-romain, colombier, ancienne gare

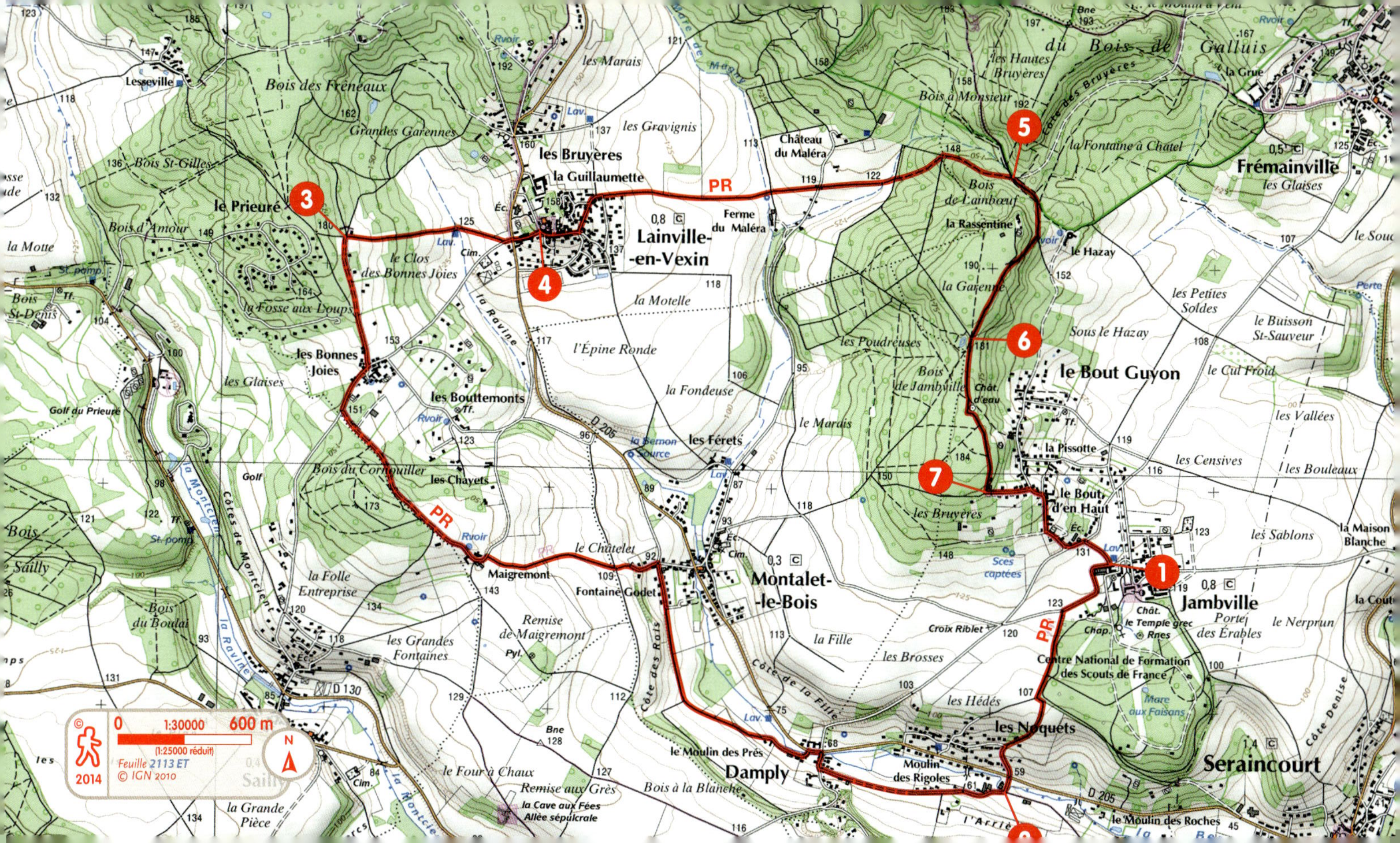

Lesseville
Bois des Fréneaux
Grandes Garennes
Bois St-Gilles
le Prieuré
Bois d'Amour
la Fosse aux Loups
les Bonnes Joies
les Glaises
Golf du Prieuré
les Bruyères
la Guillaumette
Lainville-en-Vexin
le Clos des Bonnes Joies
les Bouttemonts
Bois du Cornouiller
les Chayets
Maigremont
le Chatelet
Fontaine Godet
les Gravignis
les Marais
la Motelle
l'Épine Ronde
la Fondeuse
les Férets
Château du Maléra
Ferme du Maléra
Montalet-le-Bois
Bois de Lainbœuf
la Rassentine
la Garenne
les Poudreuses
Bois de Jambville
les Bruyères
le Bout Guyon
la Pissotte
le Bout d'en Haut
Jambville
Frémainville
du Bois de Galluis
les Hautes Bruyères
Bois à Monsieur
la Fontaine à Châtel
le Hazay
Sous le Hazay
les Petites Soldes
le Buisson St-Sauveur
le Cul Froid
les Vallées
les Censives
les Bouleaux
les Sablons
la Maison Blanche
le Nerprun
Porte des Érables
Centre National de Formation des Scouts de France
Mare aux Faisans
Seraincourt
les Noquets
Moulin des Rigoles
le Moulin des Roches
les Hédés
les Brosses
la Fille
Croix Riblet
Côte de la Fille
Côte des Rois
le Moulin des Prés
Damply
Bois à la Blanche
Remise aux Grès
la Cave aux Fées
Allée sépulcrale
le Four à Chaux
Remise de Maigremont
les Grandes Fontaines
la Folle Entreprise
Côtes de Montcient
la Montcient
la Ravine
Bois du Boulai
la Grande Pièce
D 205
D 130
PR
1
3
4
5
6
7
0 1:30000 600 m
(1:25000 réduit)
Feuille 2113 ET
© IGN 2010
© 2014

Autour de **la Bernon**

De la ferme de Maigremont, contemplez la tour Eiffel et repartez vers les espaces boisés.

1 Face au château de Jambville, prendre à droite la route de Damply puis le chemin à gauche. Il longe et contourne le parc. Dévaler la pente raide. En bas, tourner à gauche, puis traverser la D 205 et passer le moulin des Noquets.

2 Tourner à droite et gagner Damply. Prendre la route à droite, la D 205 à gauche, puis le large chemin du Moulin-des-Prés à gauche. Il conduit à Montalet-le-Bois. Après le lotissement, monter à gauche et parvenir à la ferme de Maigremont *(point de vue sur Paris)*. Contourner la ferme et traverser le bois du Cornouiller. Emprunter la route à droite jusqu'aux Bonnes-Joies. À la sortie du hameau, s'engager à gauche sur le chemin qui s'élève vers le bois des Frêneaux.

3 Au lieu-dit Le Prieuré, au pylône, tourner à droite et gagner Lainville. Traverser la D 205 et poursuivre en face par la rue aux Canes.

4 Passer la rue de la Mairie et suivre la rue aux Canes jusqu'à l'extrémité du village. Continuer par un chemin vers l'est. Passer au nord de la ferme de Maléra, croiser une route et entrer dans le bois pour atteindre un grand carrefour.

5 Obliquer à droite et, au croisement suivant, rester sur le même chemin. Au sommet de la côte, tourner à droite et poursuivre tout droit.

6 Au grand croisement, bifurquer à gauche et passer à droite du château d'eau. À la barrière, continuer tout droit sur 100 m.

7 Tourner à gauche, prendre le chemin du Hazay à droite, ignorer la route à gauche puis le chemin à droite. Se diriger à gauche vers l'école, puis virer à droite et rejoindre le château de Jambville.

LAVOIR DE LA CÔTE DUCHÉ / PHOTO PNRVF.

PR agréé® **15**

MOYEN

3H • 12KM

S SITUATION
Jambville, à 12 km au nord-ouest de Meulan par les D 913 et D 43
Coordonnées UTM :
31 T 416060-5433240

P PARKING
château

/ DÉNIVELÉE
altitude mini et maxi
dénivelée cumulée
à la montée

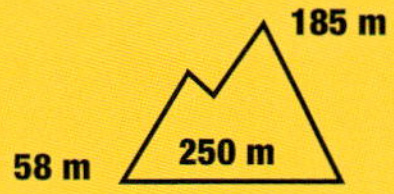

B BALISAGE
1 à 2 > jaune PR 42
2 à 4 > jaune PR 41
4 à 1 > jaune PR 42

À DÉCOUVRIR...

> En chemin :
• moulins • Maigremont : point de vue sur Paris
• Lainville-en-Vexin : lavoir de la côte Duché, église Saint-Martin XIIe-XVIe-XIXe • Jambville : château XIVe-XVe-XVIIe (privé)

> Dans la région :
• Brueil-en-Vexin : fontaine Saint-Gaucher, allée couverte de La Cave aux Fées (2500 ans avant J.-C.), sentier du patrimoine

Le Héron cendré

HÉRON CENDRÉ / PHOTO N.V.

Échassier commun d'Europe, le Héron cendré se reconnaît à son plumage gris sur le dessus et blanc dessous, ainsi qu'à sa longue aigrette noire. Il atteint la taille de 90 cm et 1,70 m d'envergure. Il vole les pattes tendues vers l'arrière, les ailes nettement arquées et le cou replié en S, contrairement à la grue cendrée et à la cigogne noire qui se déplacent le cou tendu et les ailes moins arquées. Le Héron cendré est un migrateur partiel, familier des zones humides (lacs, rivières, lagunes et marécages). Son cri habituel est un *kreeik* rauque et grave. Il se nourrit de petits vertébrés, de poissons et d'insectes. Il pêche à l'affût, et peut détendre son cou et son bec pointu à la manière d'un harpon. Les couples nichent en colonies ou héronnières dans les arbres, les roselières ou les parcs. L'oiseau, protégé depuis 1976, niche dans de très grands arbres. Il construit son nid à l'aide de branches sèches, de racines et de fibres végétales.

HISTOIRE

Toponymie vexinoise

Bondrée apivore / dessin P.R.

Le Vexin est habité dès le IIIe siècle avant Jésus-Christ par les Véliocasses, peuple gaulois repoussé par l'invasion des Belges, les Bellovaques. Les noms de villages d'origine gauloise désignent des éléments du relief, de l'hydrographie, du règne végétal comme Brueil ou Santeuil. Les noms terminés en « y » remontent à l'époque gallo-romaine et se rapportent aux grands domaines ruraux (Sagy, Commeny, Vigny…). Aux IIIe et Ve siècles, de nouveaux peuples déferlent sur le Vexin et occupent une partie des domaines gallo-romains. Ils sont à l'origine des toponymes constitués à partir d'un nom latin en « ville » ou « court » (domaine) et d'un patronyme (nom d'un propriétaire) germanique comme Frémainville (« Frotmundi villa »), ou Amenucourt (« Ermeno cortem »).

Dans la vallée de Bernon / photo J.F.

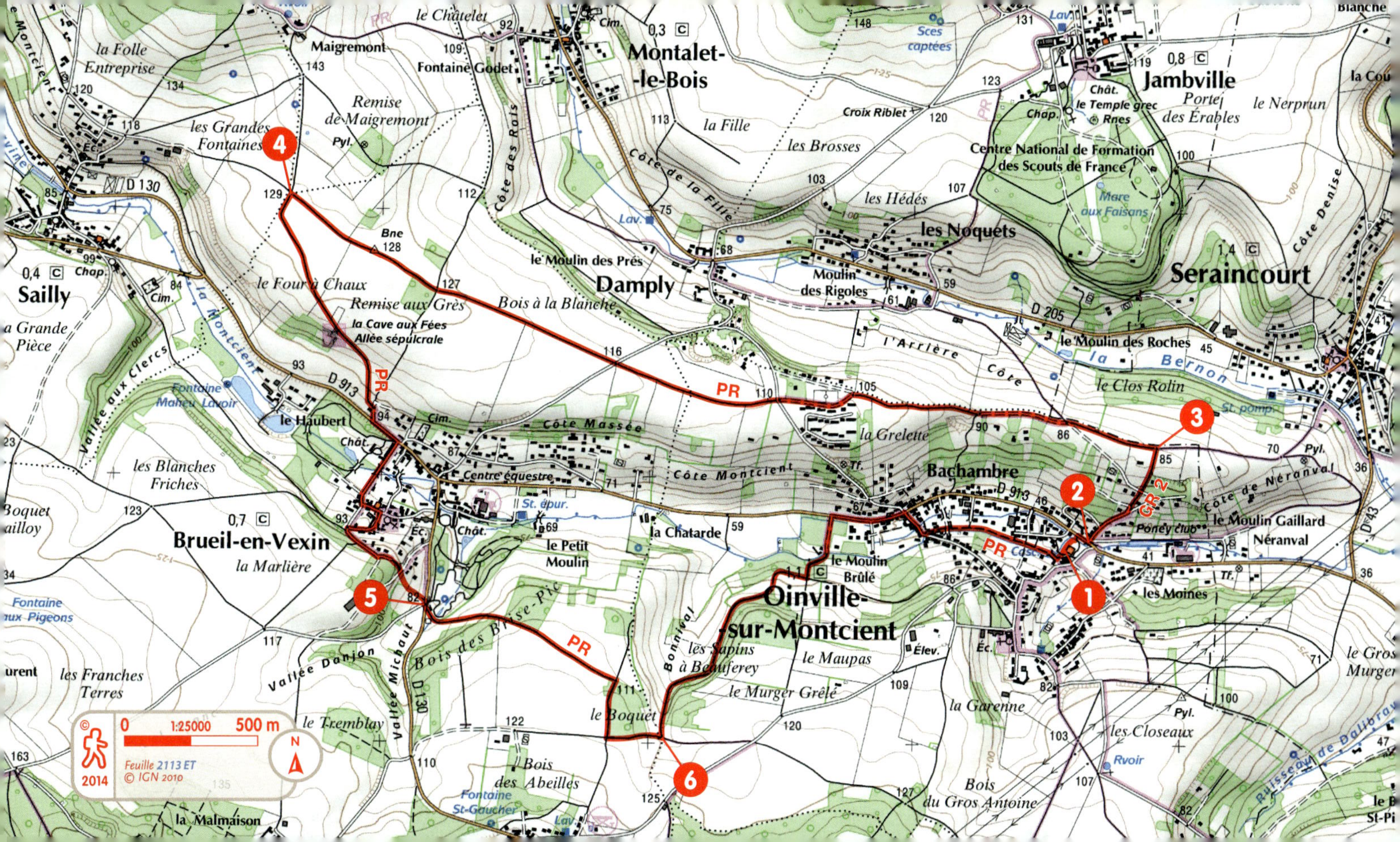

Sailly
Brueil-en-Vexin
Oinville-sur-Montcient
Seraincourt
Damply
Montalet-le-Bois
Jambville
les Noquets
Bachambre
Maigremont
le Châtelet
Fontaine Godet
Remise de Maigremont
les Grandes Fontaines
la Folle Entreprise
le Four à Chaux
Remise aux Grès
la Cave aux Fées
Allée sépulcrale
Bois à la Blanche
le Moulin des Prés
Moulin des Rigoles
le Moulin des Roches
la Bernon
le Clos Rolin
l'Arrière Côte
la Grelette
Côte Massée
Côte Montcient
Côte de Néranval
le Moulin Gaillard
Néranval
Poney club
les Moines
le Moulin Brûlé
la Chatarde
le Petit Moulin
Centre équestre
le Haubert
la Montcient
Fontaine Maheu Lavoir
Vallée aux Clercs
les Blanches Friches
la Marlière
Vallée Danjon
Vallée Michaud
Bois des Brise-Pic
le Boquet
le Tremblay
Bois des Abeilles
Fontaine St-Gaucher
la Malmaison
les Franches Terres
les Sapins à Beauferey
Bonnival
le Maupas
le Murger Grêlé
la Garenne
les Closeaux
Bois du Gros Antoine
Ruisseau de Dalibray
Centre National de Formation des Scouts de France
Mare aux Faisans
le Temple grec
Porte des Érables
le Nerprun
Côte Denise
Côte de la Fille
Côte des Rais
la Fille
les Brosses
les Hédés
Croix Riblet
Sces captées
la Grande Pièce
D 130
D 913
D 205
PR
GR 2
1
2
3
4
5
6
0 1:25000 500 m
Feuille 2113 ET
© IGN 2010
2014

Les Coteaux de la Montcient

PR agréé® 16

FACILE

2H30 • 9,6KM

Aux limites du Vexin, les hauteurs de Oinville-sur-Montcient donnent sur les forêts avec des haltes préhistoriques oubliées et des perspectives où pointe le clocher d'une église.

CHEVREUIL / DESSIN P.R.

1 Du parking de la mairie, traverser le parc pour rejoindre la D 913 et la suivre à droite.

2 Au premier carrefour, monter à gauche par la rue de la Nourrée, puis obliquer à gauche pour suivre un chemin menant sur la crête séparant les vallées de la Montcient et de la Bernon.

3 Tourner dans le chemin à gauche. À une fourche, au niveau d'un lotissement, emprunter la branche de gauche. Traverser deux petites routes et un chemin. Continuer tout droit sur 700 m.

4 Prendre à gauche en épingle à cheveux. Après avoir longé un monument mégalithique (allée couverte de la cave aux fées), descendre vers Breuil-en-Vexin. Traverser la D 913, puis prendre à droite en direction de l'église. Contourner ensuite le village par le sud, et descendre jusqu'à la D 130.

5 Au carrefour, s'engager à gauche dans un chemin qui passe devant la stèle provenant d'un ancien couvent et monte vers un bois ; à l'entrée de celui-ci, tourner à droite puis à gauche pour le longer.

6 À gauche, prendre dans une légère courbe le chemin Brûlé qui mène à la D 913. L'emprunter à droite, tourner à droite rue de Bachambre, puis à gauche pour suivre la rivière jusqu'au point de départ.

PERDRIX GRISE / DESSIN P.R.

S SITUATION
Oinville-sur-Montcient, à 15 km au nord-est de Mantes par les D 983 et D 913
Coordonnées UTM : 31 T 416070-5431300

P PARKING
mairie

DÉNIVELÉE
altitude mini et maxi
dénivelée cumulée à la montée

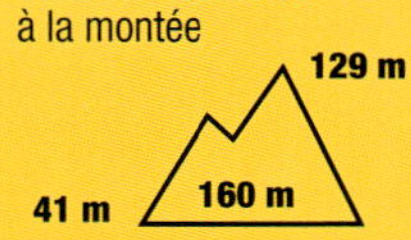

B BALISAGE
1 à 2 > jaune PR 60
2 à 3 > blanc-rouge GR 2
3 à 6 > jaune PR 61
6 à 1 > jaune PR60

À DÉCOUVRIR...

> En chemin :
- points de vue sur la vallée de la Montcient et de la Bernon
- Brueil-en-Vexin : allée couverte de la Cave aux Fées (2500 ans avant J.-C.), église Saint-Denis XIIe-XIXe (clocher roman), sentier du patrimoine
- Oinville-sur-Montcient : lavoir, moulin Brûlé, sentier du patrimoine

> Dans la région :
- Jambville : château XIVe-XVe-XVIIe (privé), sentier du patrimoine
- Lainville-en-Vexin : lavoir de la Côte Duché
- Mantes-la-Jolie : collégiale Notre-Dame

PATRIMOINE BÂTI

La Cave aux Fées

Sur les hauteurs de Brueil-en-Vexin, se tient une allée couverte néolithique aux dimensions particulièrement imposantes. Il s'agit de la Cave aux Fées, fouillée à la fin du XIXe siècle, à laquelle se rattachent de nombreuses légendes. L'une d'elles rapporte qu'elle abritait un personnage fantastique sans tête nommé Blaisot, qui courait la campagne pendant la nuit et égarait les voyageurs isolés en poussant des cris. Constituée de dalles de grès, cette allée couverte s'étire sur 14 m de long pour 2 m de large et 2,25 m de haut. L'accès au caveau rectangulaire se fait par une pièce plus courte, le vestibule ou anté-chambre. Ces parois sont faites de dalles de grès appelées « orthostates » entre lesquelles s'insèrent des dallettes calcaires. Sur l'un des orthostates, les dessins d'une hache, d'une pointe de lance ainsi qu'un motif quadrangulaire sont encore visibles. Classé Monument historique en 1957, le mégalithe est resté à l'abandon une vingtaine d'années avant d'être restauré. Cette chambre funéraire aurait accueilli plus de 150 sépultures.

PATRIMOINE BÂTI

Deux moulins, deux destins

Moulin Brûlé / dessin C.Q.

En 1846, la commune de Oinville-sur-Montcient ne comptait que 510 habitants. Elle possèdait pourtant plusieurs moulins sur le cours de la Montcient dont le moulin Brûlé et le moulin de la Chatarde. Le moulin Brûlé, utilisé pour la meunerie, fut, au cours de la décennie suivante, reconverti en atelier de petite mécanique produisant des chaînes de montres, des coupe-cigares et des tire-bouchons. À la fin du XIXe siècle, le moulin est désaffecté, avant de faire tourner, en 1908, une turbine fournissant de l'électricité. À partir de 1957, l'entreprise poursuivit son activité sans le moulin, dont la roue fut démontée en 1972. Le moulin de la Chatarde connu un destin peu commun pour n'avoir, semble-t-il, jamais moulu de grains. En 1859, il servit à la confection de baguettes d'ombrelles. À la fin du XIXe siècle, le moulin se spécialisa dans la cuivrerie d'ameublement. Sa roue actionnait des machines qui s'appliquaient à étirer, profiler, estamper et découper le laiton, produisant toutes sortes de modèles à destination du Faubourg Saint-Antoine. En 1974, l'axe de la roue se fendit. Toutefois, l'atelier poursuivit son activité alimentée désormais par l'électricité.

Allée couverte de la Cave aux Fées / photo PNRVF.

MILIEUX NATURELS

Les coteaux de la Seine, un site à préserver

Au sud-ouest du Vexin français, la Seine a érodé le plateau et dégagé une longue série de falaises crayeuses, couvertes de pelouses et de friches qui étaient autrefois utilisées pour des activités agro-pastorales et la culture de la vigne. Aujourd'hui, l'abandon du site a entraîné la fermeture du milieu et un appauvrissement de la faune et de la flore. Le Parc entreprend des actions de préservation des espèces rares et protégées, et de gestion pour conserver les milieux ouverts. C'est l'objectif principal de la réserve naturelle nationale des Coteaux de la Seine créée en 2009 sur 268 hectares, entre Vétheuil et Bennecourt. Gestionnaire du site, le Parc a notamment remis en place un pâturage ovin de juin à octobre. Le site est également inscrit au réseau écologique européen Natura 2000.

PINACLE / PHOTO PNRVF.

Les **Deux Vallées**

PR agréé® **17**

MOYEN

3H30 • 8KM

Mante religieuse / dessin P.R.

De la falaise flanquée du donjon féodal, vestige du château du XIIe siècle, s'ouvrent des vues inoubliables sur l'Epte et la Seine.

1 Du château, emprunter le GR® 2 à gauche, passer le gîte d'étape puis l'église, monter un escalier et prendre le chemin en sous-bois.

2 Emprunter la route à gauche. Elle passe sous un aqueduc. En haut de la côte, couper la D 100 et poursuivre par le chemin en face.

> Variante *(circuit de 6 km)* : prendre le sentier à droite *(bornes)* sur 50 m et arriver à une intersection. Prendre le sentier le plus large qui part légèrement à droite, sur 1 km ; au niveau de la barrière, tourner deux fois à droite et rejoindre le circuit principal.

3 Continuer tout droit sur 2 km environ *(accès possible à l'arboretum).* Descendre par la grande allée empierrée à gauche.

4 En bas, dans le vallon, ne pas entrer dans Amenucourt, mais emprunter le chemin à droite. Il remonte le vallon.

5 À la fourche, monter à droite puis à gauche (sud-ouest) sur l'éperon boisé qui sépare les deux vallons.

6 Continuer tout droit sur le plateau.

7 À l'intersection, poursuivre tout droit.

8 Traverser la route des Crêtes (D 100) et emprunter le chemin situé à une dizaine de mètres sur la gauche. Descendre puis s'engager à droite sur un sentier étroit qui se faufile dans les buissons, en balcon au-dessus de la vallée de la Seine. Après un parcours accidenté, retrouver la route de l'aller et redescendre jusqu'au point de départ.

Polystic à aiguillon / dessin N.L.

S SITUATION
La Roche-Guyon, à 17 km au nord-ouest de Mantes par les D 983 et D 913
Coordonnées UTM :
31 T 399900-5437370

P PARKING
château

/ DÉNIVELÉE
altitude mini et maxi
dénivelée cumulée à la montée

B BALISAGE **B1**
jaune

! DIFFICULTÉS !
entre **8** et **2**, parcours accidenté, avec zones en dévers, glissantes, surtout par temps humide

À DÉCOUVRIR...

> En chemin :
- La Roche-Guyon : château XVe-XVIIIe, donjon XIIe, église Saint-Samson XVe-XVIe, sentier du patrimoine
- points de vue sur la vallée de la Seine et sur la vallée de l'Epte
- sentier d'interprétation des coteaux de Seine

> Dans la région :
- Haute-Isle : église troglodytique de l'Annonciation
- Fourges : moulin, marais de Frocourt
- Giverny : maison et jardins de Claude Monet
- Vétheuil : sentier du patrimoine

Seraincourt
Gaillon-sur-Montcient
Tessancourt-sur-Aubette
Condécourt
Oinville-sur-Montcient
Évecquemont
Vaux-sur-Seine
Hardricourt
Mézy-sur-Seine
MEULAN
LES MUREAUX
Aumont
Apremont
Ablemont
SEINE
GR 2
GR 1
Accès GR 2
Accès GR 1-2
PR
1
2
3
4
5
6
7
8
0
1:50000
1 km
Feuille 2213
© IGN 2002
2014

De **Vaux-sur-Seine** à **Juziers**

Daphné mezereum / Dessin N.L.

Un itinéraire un peu « sportif » traversant les vallées de trois petits affluents de la Seine : l'Aubette, la Bernon et la Moncient.

1 De la gare, emprunter la passerelle qui enjambe les voies et monter par la sente Qiuète et le chemin des Jeunes Plantes. Tourner à gauche chemin des Fortes Terres, traverser la D 17 et continuer par le chemin du Plant de Forvache. Aller à gauche, traverser une route et continuer par le chemin du Bois Bouillon. Traverser Évecquemont *(église XIIIe remaniée XVIe : porche Renaissance, chapiteaux XIIe et XVIe)*, croiser le D 922 et poursuivre en face. À l'endroit où le chemin amorce une descente vers la droite, descendre à gauche par un sentier jusqu'à une route à l'entrée de La Maraîche.
> Accès à la gare de Meulan-Hardricourt (balisé blanc-rouge).

2 Descendre en face rue des Prés-aux-Loups, tourner à droite rue de La Maraîche et à gauche rue du Moulin-Brûlé. Contourner l'église de Tessancourt par la gauche, monter à gauche chemin de Gaillon, puis gagner le plateau par un chemin à gauche. Passer au-dessus de la D 28 et continuer à travers champs. Descendre à Gaillon et atteindre l'église *(nef de style ogival primitif avec clocher roman à flèche de pierre)*.

3 Poursuivre à droite par la Grande Rue, puis à gauche par la rue de la Cavée. Continuer ensuite, tout droit, par un sentier. Suivre un chemin à droite, entre deux clôtures, puis descendre à gauche par des lacets. En bas, continuer en face. Prendre la D 43 à gauche sur quelques mètres puis emprunter la route à droite et monter à gauche pour atteindre le plateau. Dépasser un chemin venant de gauche, descendre par le chemin suivant à gauche vers Oinville *(église, lavoirs, anciens moulins)*.

4 Traverser la D 913 et monter par la rue de Gournay. Utiliser à gauche le chemin des Moines et remonter à droite la coulée verte. Suivre à gauche la rue de l'Église et monter à droite par la rue Mathurine pour atteindre, sur le plateau, une intersection.

5 Suivre le chemin à gauche sur 1 100 m.
> Accès à la gare de Meulan-Hardricourt (balisé blanc-rouge).

6 Monter jusqu'aux Juliennes, puis tourner à droite.

7 À la corne d'un bois, continuer en face jusqu'au bois tout proche, et suivre à gauche le chemin en lisière qui ensuite monte dans le bois puis redescend jusqu'à la gare de Juziers (**8**).

PR agréé® **18**

DIFFICILE

4H30 • 17,2KM

S SITUATION
Vaux-sur-Seine, à 10 km à l'ouest de Cergy par la D 922
Coordonnées UTM : 31 T 424210-5428790

P PARKING
Départ : gare de Vaux-sur-Seine
Arrivée : gare de Juziers (Transilien ligne J, Paris-St-Lazare - Mantes-la-Jolie, via Conflans)

DÉNIVELÉE
altitude mini et maxi
dénivelée cumulée à la montée
163 m
34 m
450 m

B BALISAGE
1 à 2 > blanc-rouge GR 1/2
2 à 5 > blanc-rouge GR 2
5 à 6 > blanc-rouge (accès à la gare de Meulan-Hardricourt)
6 à 7 > jaune PR 62
7 à 8 > blanc-rouge (accès à la gare de Juziers)

À DÉCOUVRIR...

> En chemin :
• Vaux-sur-Seine : sentier du patrimoine • Évecquemont : église XIIIe remaniée XVIe • Tessancourt-sur-Aubette : sentier du patrimoine, église Saint-Nicolas XIIe, lavoir, parc au bord de l'Aubette
• vallée de l'Aubette (table d'interprétation du paysage) • Gaillon-sur-Montcient : église XIIe
• vallées de la Bernon et de la Montcient
• Oinville-sur-Montcient : sentier du patrimoine, église Saint-Séverin, lavoirs, anciens moulins, coulée verte • Juziers : sentier du patrimoine

PATRIMOINE BÂTI

Oinville-sur-Montcient, village typique du Vexin

Étagé sur les coteaux de la vallée de la Montcient, le village d'Oinville a conservé un aspect rural et possède un patrimoine architectural et hydraulique intéressant.

L'église Saint-Séverin, en haut du village, présente un mélange d'éléments s'échelonnant du XIIe au XIXe siècle. Elle possède une statue en pierre de saint Sébastien datant du XVIe siècle, et a retrouvé depuis 2010 les trois cloches de son carillon. En effet, une seule cloche subsistait, bénie en 1760 sous le nom de Séverine Victoire, les deux autres ayant été confisquées au cours de la Révolution pour être fondues.

La vallée de la Montcient a compté au XIXe siècle quinze moulins sur son cours de 13 km, dont quatre à Oinville. Outre la meunerie, ils ont aussi été utilisés au début du XXe siècle comme force motrice pour des usines de petite métallurgie et pour la production d'électricité. Le plus ancien, le moulin Gaillard, daterait du XIIe siècle.

Témoins de l'activité ménagère telle qu'elle existait jusqu'au milieu du XXe siècle, trois lavoirs existent à Oinville. Le lavoir de la Mathurine, en haut de la coulée verte, possède un lave-sabot auquel on accède par une pente douce empierrée. Il était utilisé pour nettoyer les sabots des vaches et des chevaux après les travaux des champs et pour laver les roues des charrettes.

Le Parc a créé un sentier de découverte du patrimoine de Oinville, accompagné de panneaux explicatifs, dont le descriptif est téléchargeable sur Internet.

Canal d'alimentation du moulin Brûlé / photo J.-P.J.

TECHNIQUES

L'exploitation du gypse dans le massif de l'Hautil

Vaux-sur-Seine est dominé par le massif forestier de l'Hautil. La présence de ce boisement s'explique par le fait que la zone n'est pas constructible à cause des carrières de gypse sous-jacentes qui parfois s'effondrent sur elles-mêmes. Tout aménagement public et toute exploitation forestière y étant interdits, la faune et le paysage y ont un développement quasi naturel.

Le gypse a été exploité à partir du XVIIIe siècle sous forme de carrières souterraines dont la hauteur pouvait atteindre 10 mètres. Au XIXe siècle, Paris en pleine reconstruction avait besoin de plâtre et la proximité d'une voie navigable assura le développement de l'exploitation. Elle atteignit son apogée dans les années 1960, puis périclita pour disparaître au début des années 1980. Cette extraction engendra la création de plâtrières au bord de la Seine, où le gypse était cuit afin de le réduire en poudre de plâtre, et de ports à plâtre, entre Triel et Vaux.

ARTS ET LETTRES

Claude Monet à Vétheuil

De 1878 à 1881, Claude Monet réside à Vétheuil. Ce passage reflète une période difficile de sa vie puisqu'il perd prématurément sa femme, Camille, et a de nombreuses dettes. Il réalise pourtant à cette époque certaines toiles contribuant à sa gloire naissante. Au début, sa principale source d'inspiration est la Seine. Puis, à bord de son « bateau-atelier », il dessine de loin le village de Vétheuil blotti autour de son église. Le reflet des maisons et des paysages dans l'eau le séduit comme en témoignent *Église de Vétheuil, neige* ou *La Seine à Vétheuil*. La rigueur de l'hiver 1879-1880 inspire à Monet des toiles remarquables telles que *La débâcle des glaces sur la Seine à Vétheuil*. En 1881, son endettement auprès des commerçants le conduit à quitter le village. Il s'installe alors à Giverny, mais, nostalgique de Vétheuil, il y revient en 1900 pour peindre *Le soleil couchant*.

VÉTHEUIL VU DU CIEL / PHOTO P.L.

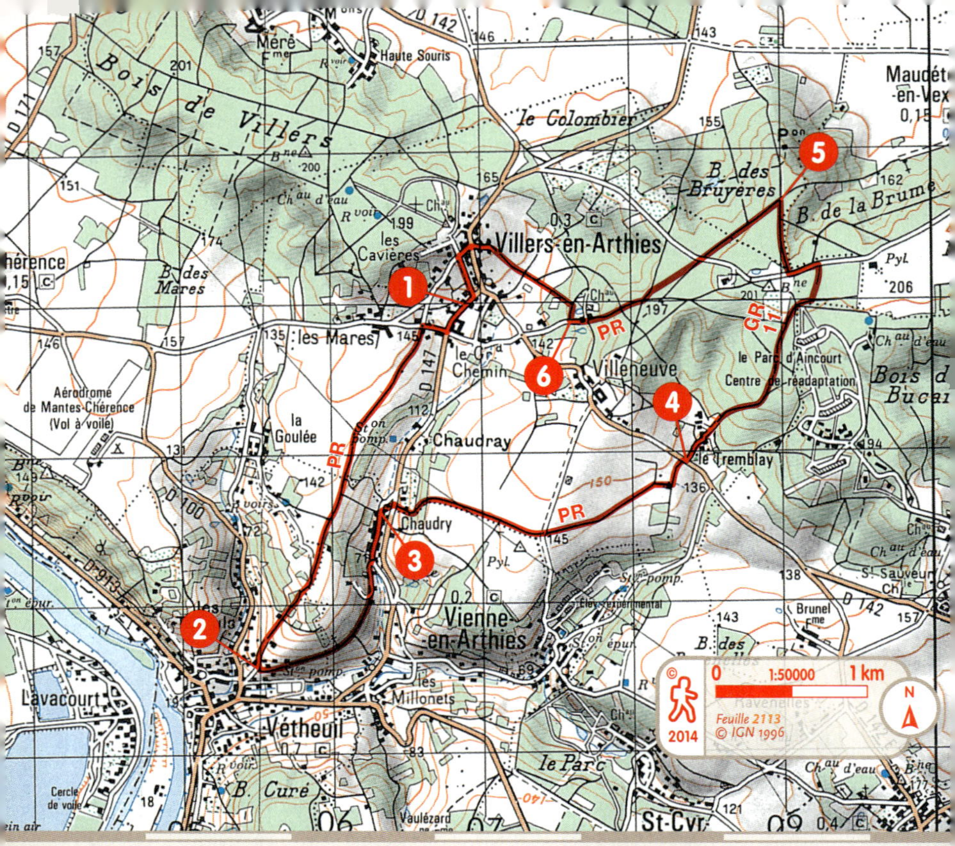

HISTOIRE

UN HOMME DÉSINTÉRESSÉ

« Il guérit ceux qu'il traite et n'en veut pas un sou », écrivait l'abbé de Coulanges à sa cousine, la marquise de Sévigné. Près du hameau de Chaudry, à Chaudray, le guérisseur Christophe Ozanne (1633-1713), simple laboureur, soignait par les plantes. On venait le voir de Paris et de Versailles. Dans *La grande histoire de Cergy*, Jean Aubert cite « qu'il a une telle connaissance des herbes que les cancers, la gravelle, les ulcères, rien ne tient devant lui ; on ne parle que des cures étonnantes qu'il fait et de son désintéressement selon Madame de Sévigné ».

PHOTO ARCHIVES DÉPARTEMENTALES DU VAL-D'OISE, CELLULE DE L'INVENTAIRE.

Les **Herbes** de **Chaudry**

Les Bergères, La Jatte, le vallon de Chaudry : des lieux que fréquentait, au XVIIe siècle, Christophe Ozanne, célèbre guérisseur.

1 Du parking de la mairie, prendre à droite la D 147 et au carrefour, tourner à droite en direction de Chérence. À 250 m, prendre le chemin à gauche. Il descend vers la vallée de la Seine.

2 À l'entrée de Vétheuil, prendre à gauche le chemin de Chaudry. Passer la croix, laisser un chemin à droite et continuer par la route qui traverse tout droit le hameau de Chaudry.

3 Emprunter à droite la sente des Sources, couper la D 147 et poursuivre en face par le chemin qui monte sur le plateau. Au bout, prendre le chemin à gauche et traverser la D 142.

4 Continuer en face par le chemin de Bellevue. Il conduit au Tremblay. À la sortie du hameau, laisser le chemin de la Messe à gauche et celui du Grand-Fond à droite pour monter tout droit à travers bois. Longer un mur. Emprunter la route à gauche sur 200 m, puis le chemin forestier à droite.

5 À la croisée de chemins, dans le bois des Bruyères, obliquer à gauche en angle aigu, continuer tout droit et traverser la route. Passer un premier croisement, puis prendre le chemin à droite. Poursuivre tout droit le long du mur du château du Grand-Saint-Léger.

6 À l'angle du mur, tourner à droite. Au portail d'entrée, descendre à gauche *(point de vue sur le château de Villers-en-Arthies)* vers Villers-en-Arthies. Dans le village, traverser la D 142, emprunter la route des Mares sur 100 m, puis suivre à gauche le chemin qui se trouve dans l'axe de l'allée du château. Prendre la D 147 à droite pour rejoindre le parking.

CHÂTEAU DE VILLIERS-EN-ARTHIES / PHOTO R.S.

PR agréé® | 19

MOYEN

3H10 • 12,5KM

S SITUATION
Villers-en-Arthies, à 14 km au nord de Mantes par la D 147
Coordonnées UTM : 31 T 406940-5438020

P PARKING
mairie (D147)

DÉNIVELÉE
altitude mini et maxi
dénivelée cumulée à la montée

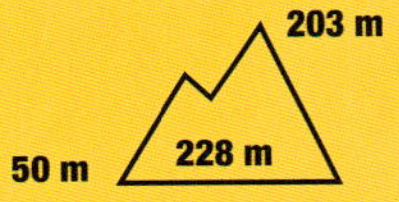

B BALISAGE **B3**
jaune

! DIFFICULTÉS !
ornières sur 500 m après **5**

À DÉCOUVRIR...

> En chemin :
• Villers-en-Arthies : ferme du Grand-Chemin, château (privé)
• point de vue sur Vétheuil et la vallée de la Seine • hameau de Chaudry : village fleuri

> Dans la région :
• Vétheuil : église Notre-Dame XIIe-XVIe-XIXe (qui inspira Monet), sentier du patrimoine
• vallée de la Seine
• Haute-Isle : sentier d'interprétation des coteaux de Seine
• Vienne-en-Arthies : sentier du patrimoine

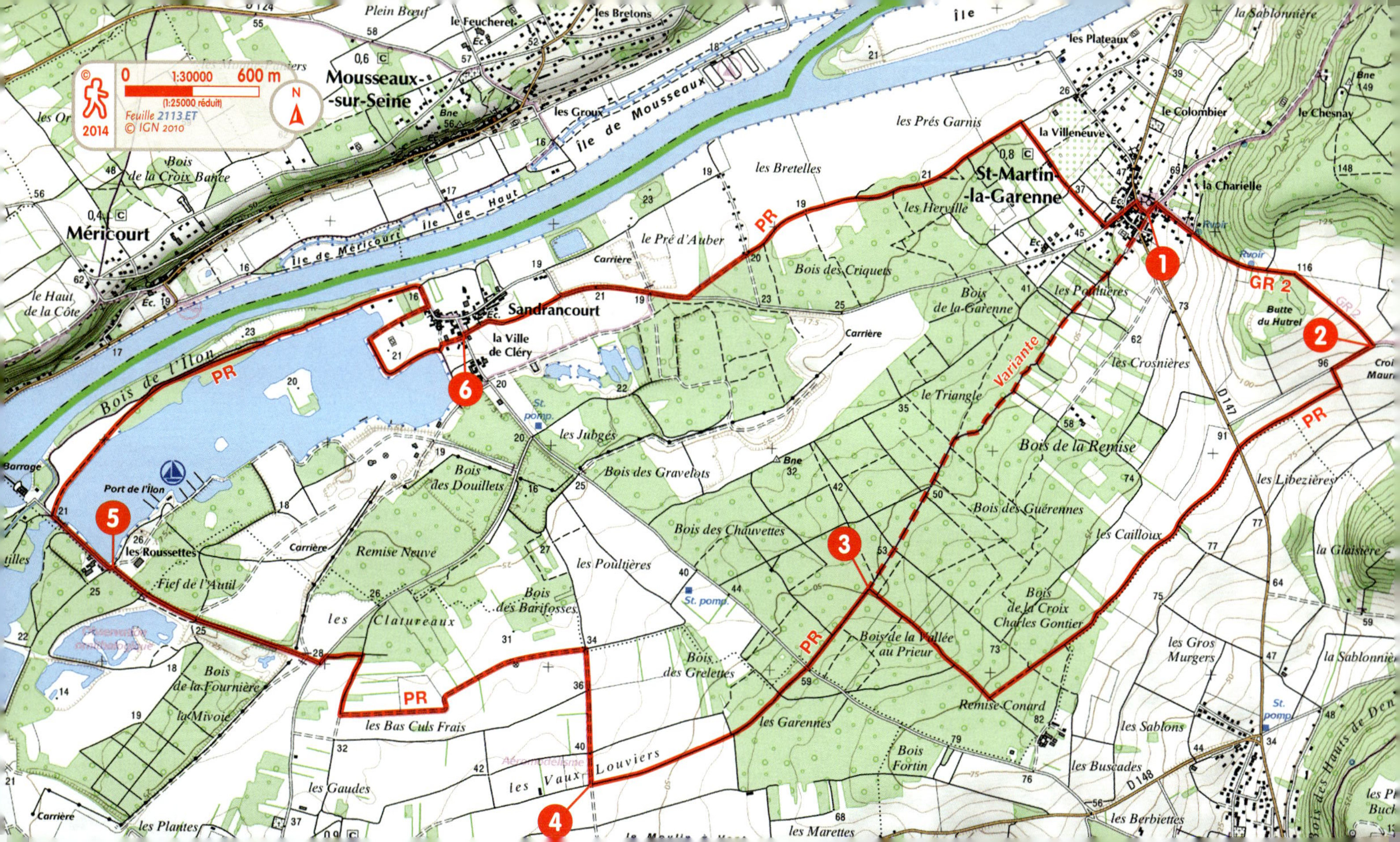

0 1:30000 600 m
(1:25000 réduit)
Feuille 2113 ET
© IGN 2010
2014
Mousseaux-sur-Seine
Méricourt
St-Martin-la-Garenne
Sandrancourt
la Ville de Cléry
GR 2
PR
Variante
1
2
3
4
5
6
D 147
D 148
Plein Bœuf
le Feucheret
les Bretons
les Plateaux
la Sablonnière
le Colombier
le Chesnay
la Villeneuve
la Charielle
les Prés Garnis
les Bretelles
les Groux
Île de Mousseaux
Île de Haut
Île de Méricourt
Bois de la Croix Baillee
le Haut de la Côte
le Pré d'Auber
Carrière
Bois des Criquets
les Herville
Bois de la Garenne
les Poullières
Butte du Hutrel
les Crosnières
le Triangle
Bois de la Remise
les Libezières
Bois des Guérennes
les Cailloux
la Glaisière
Bois de la Croix Charles Gontier
les Gros Murgers
la Sablonnière
Bois de la Vallée au Prieur
Remise Conard
les Sablons
les Buscades
les Berbiettes
Bois Fortin
les Garennes
les Marettes
Bois des Chauvettes
Bois des Gravelots
les Jubgés
Bois des Douillets
Remise Neuve
Bois des Barifosses
les Poultières
les Clatureaux
Bois des Grelettes
les Bas Culs Frais
les Vaux
Louviers
Aéromodélisme
les Gaudes
les Plantes
Bois de la Fournière
la Mivoie
Fief de l'Autil
les Roussettes
Port de l'Ilon
Bois de l'Ilon
Barrage
St. pomp.
Bne
Éc.
Ruoir

Saint-Martin-la-Garenne

PR agréé® 20

DIFFICILE

4H10 • 16,5KM

Un parcours au milieu des champs et des bois, en bordure de Seine, entre animaux, faune et flore sauvages (ne pas oublier ses jumelles !).

> Variante courte par le chemin de la Corne de Cerf pour rejoindre le point 3 (balisage jaune).

1 De la place de l'église, suivre le chemin de la Désirée puis, à droite, la rue de la Chariette qui devient un chemin. À une bifurcation, suivre le chemin de droite qui rejoint une route.

2 La suivre à droite, emprunter le premier chemin à gauche, puis celui à droite. Croiser la D 147 et continuer dans la même direction sur 1,6 km pour atteindre une intersection en T dans un bois. Tourner à droite jusqu'à une autre intersection en T.

3 S'engager à gauche, traverser une route et poursuivre à travers bois jusqu'au terrain d'aéromodélisme.

4 Tourner à droite ; après 600 m, tourner à gauche. Suivre le chemin qui passe devant un transformateur électrique sur 1,2 km. À l'intersection en T, aller à droite sur 300 m. À l'entrée du bois, prendre à gauche pour rejoindre la route de Sandrancourt ; la prendre à gauche jusqu'au carrefour, puis emprunter à droite la route qui mène au Port de l'Ilon. À 300 m, s'engager à gauche sur le chemin qui longe la réserve ornithologique *(observatoires)*.

5 Poursuivre sur la route qui mène au port et au lac de l'Ilon, jusqu'aux abords du barrage de Méricourt. Tourner à droite, longer le chemin sur la levée de terre en bord d'étang pour rejoindre le chemin de l'Ilon à Sandrancourt. À la route, tourner à droite avant d'entrer dans le hameau de Sandrancourt et poursuivre jusqu'à l'étang ; le longer. Lorsque le chemin au bord du lac vire à droite, monter à gauche pour rejoindre le chemin des Gloriettes.

6 Continuer par le chemin de Derrière-la-chapelle et atteindre la route de Sandrancourt à Saint-Martin-la-Garenne. La suivre sur 600 m *(attention, passage dangereux)*, puis obliquer à gauche et continuer sur environ 1,8 km. En vue du clocher, emprunter le chemin à droite qui remonte vers le village. En haut, tourner à gauche pour rejoindre la place de l'église.

JACINTHE DES BOIS / DESSIN N.L.

S SITUATION
Saint-Martin-la-Garenne, à 7 km au nord de Mantes par la D 147
Coordonnées UTM : 31 T 404220-5432750

P PARKING
église

DÉNIVELÉE
altitude mini et maxi
dénivelée cumulée à la montée

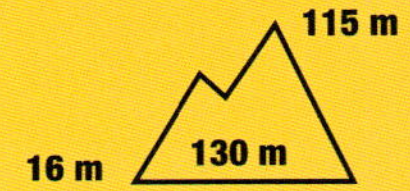

B BALISAGE
1 à 2 > blanc-rouge GR 2
2 à 3 > jaune PR 68
3 à 4 > jaune PR 69
4 à 5 > jaune PR 68
5 à 1 > jaune PR 70

À DÉCOUVRIR...

> En chemin :
- domaine ornithologique de Flicourt
- port fluvial de l'Ilon
- plan d'eau de l'Ilon

> Dans la région :
- Mantes-la-Jolie : collégiale Notre-Dame
- Vétheuil : église Notre-Dame XIIe-XVIe-XIXe (qui inspira Monet)
- La Roche-Guyon : château XIIIe-XVe et donjon féodal
- Arthies : église Saint-Aignan XIe, château XVe

TECHNIQUES ET TRADITIONS

De la boucle de Guernes au Pays d'Arthies, les cerisiers du Vexin

Si des zones maraîchères se sont développées sur les terres fertiles aux abords de la Seine, vignes et vergers couvraient à la fin du XIXe siècle les coteaux calcaires exposés au sud. De Vétheuil à Chaussy, en Pays d'Arthies, la « villers », une petite cerise surette légèrement acide, était largement cultivée. Jusque dans les années 1950, les habitants de Saint-Martin-la-Garenne et de Guernes produisaient – hormis quelques « villers » locales – principalement une cerise douce, de table, issue de différentes variétés (bigarreaux, guignes, merises d'Angers...).

Le Parc naturel régional du Vexin français s'intéresse à la préservation et la mise en valeur des vergers traditionnels au regard de leurs intérêts paysagers, écologiques et génétiques. Les parcelles de cerisiers constituent de remarquables réservoirs de biodiversité : un cerisier mort sur pied est un habitat de prédilection pour la chouette et accueille de nombreux insectes xylophages, se nourrissant de bois ou des champignons.

MILIEUX NATURELS

Le domaine de Flicourt

L'espace régional de Flicourt se trouve dans une ancienne carrière autrefois exploitée pour la production de granulats. Situé sur la commune de Guernes, dans une boucle de la Seine, ce site de 37 ha a été réaménagé et rétrocédé en 1996 à l'Agence des Espaces verts de la Région Ile-de-France. Le site présente une grande richesse écologique comme en témoigne son classement en zone naturelle d'intérêt écologique, faunistique et floristique (ZNIEFF). Zone d'intérêt communautaire pour les oiseaux, il fait également partie du réseau européen des sites Natura 2000 pour la préservation des espèces et de leur habitat.

Des travaux ont été menés pour favoriser la nidification des oiseaux dans les roselières et sur les grèves. Les berges ont été réaménagées et des îlots créés sur le plan d'eau. Des mesures de gestion sont mises en place afin de maintenir et accroître la diversité écologique des différents milieux, humides, forestiers et sableux. Plus de 180 espèces d'oiseaux parmi lesquelles martins-pêcheurs, canards souchets, grands cormorans, grèbes huppés, hérons cendrés, sarcelles d'été et d'hiver, peuvent être repérées depuis un observatoire. Le site est ouvert au public uniquement dans le cadre d'animations nature.

FLICOURT / PHOTO PNRVF.

CERISIER / PHOTO PNRVF.

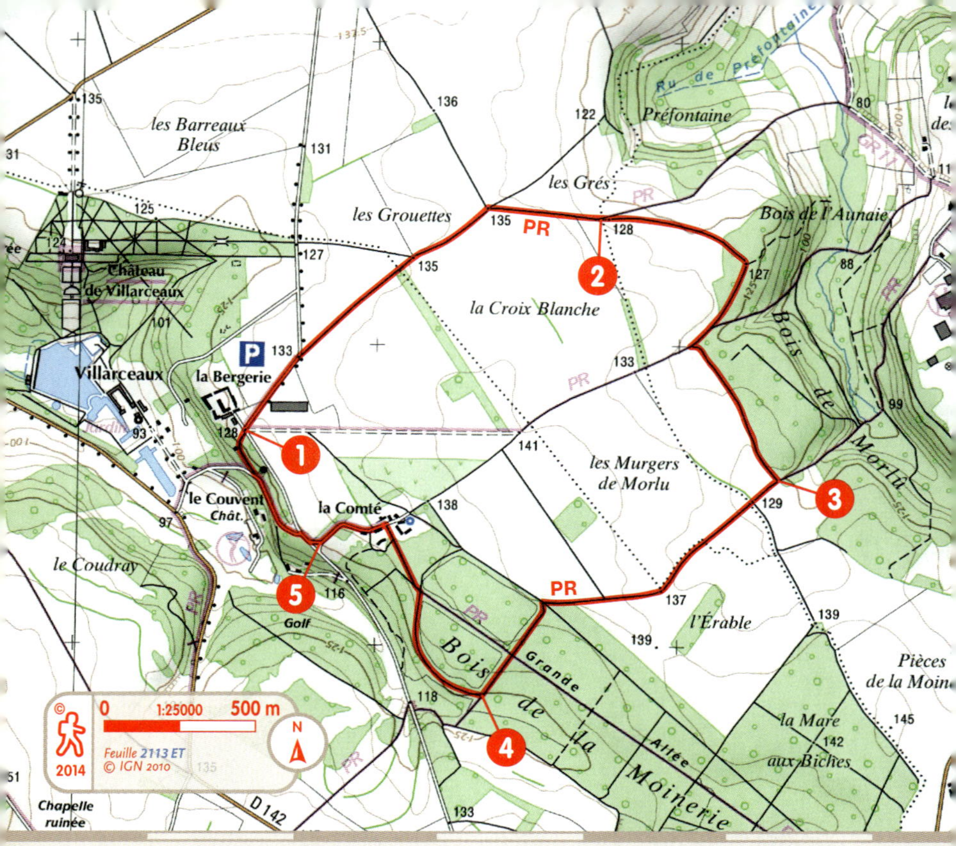

ÉCONOMIE

LA FERME DE LA BERGERIE

PHOTO N.J.

La ferme de la Bergerie, propriété de la Fondation Charles Léopold Mayer pour le Progrès de l'Homme, développe sur 400 hectares, l'élevage et l'agriculture biologique. Cette pratique, sans recours aux produits chimiques, a pour but de préserver la santé de la terre et des hommes. La réintroduction de l'élevage bovin (race salers) a permis d'ouvrir les prairies, restaurant ainsi une faune et une flore originales. Une coopérative de consommateurs permet à chacun d'être acteur de la gestion du territoire en soutenant, par sa consommation, les pratiques les plus durables.

L'écocentre de la Bergerie accueille le public dans ses gîtes ruraux, ses gîtes de groupe et son restaurant bio. Il accueille également séminaires, formations et séjours nature.

La Bergerie

CRIQUET MARGINÉ / DESSIN P.R.

Témoin d'un équilibre retrouvé, une ferme biologique du XXIe siècle, et une randonnée ouverte à la famille.

1 De la ferme de la Bergerie, prendre la route à gauche. Dans le virage, continuer par le chemin en face et poursuivre tout droit entre les clôtures. Au croisement, prendre à droite.

2 À la fourche, suivre le chemin à droite. Il traverse une partie du bois de Morlû. À l'orée, tourner à gauche en lisière.

3 Au bout, virer à droite et continuer tout droit entre les clôtures. Descendre à gauche dans le bois de la Moinerie par le large sentier.

4 Tourner à droite et arriver au hameau de La Comté. Face aux maisons, emprunter la route à gauche.

5 Au croisement, suivre la route à droite sur 50 m, puis descendre par la route à gauche en direction du golf de Villarceaux sur 300 m. Prendre à droite le sentier qui remonte à la ferme.

VACHES SALERS / PHOTO S.L.

PR agréé® 21

TRÈS FACILE

1H50 • 6KM

S SITUATION
Chaussy, à 19 km au nord de Mantes par les D 147, D 100 et D 171
Coordonnées UTM :
31 T 406160-5441360

P PARKING
ferme de la Bergerie, à 2,5 km de Chaussy par la D 142

/ DÉNIVELÉE
altitude mini et maxi
dénivelée cumulée à la montée

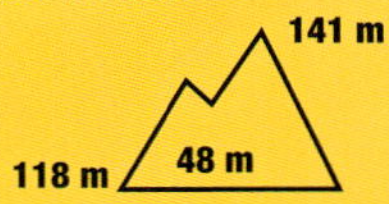

B BALISAGE **B5**
jaune

! DIFFICULTÉS !
possibilité de modification de l'itinéraire en période de chasse

À DÉCOUVRIR...

> En chemin :
- ferme de la Bergerie
- bois de la Moinerie

> Dans la région :
- Chaussy : domaine de Villarceaux
- Omerville : église Saint-Martin XIIe-XVIe, manoir XVe, maisons anciennes, croix Fromage
- Genainville : site gallo-romain des Vaux-de-la-Celle

Chaussy
Genainville
Villarceaux
Château de Villarceaux
la Bergerie
le Couvent
Chât.
la Comté
le Coudray
Golf
la Croix Méré
le Ray
le Chaud Soleil
Cul Froid
Chapelle ruinée
Méré
Tour
Petites Maisons
D 142
la Voirie
la Verrerie
Bois de la Moinerie
Grande Allée
la Mare aux Biches
la Moinerie
Pièces de la Moinerie
les Voiries
la Bretèche
la Haute Borne
le Pas St-Martin
Côte Monsieur
les Coudraies
Châț. d'eau
Centre équestre
D 147
Étang des Moines
les Brosses
Croix Chevrier
les Groux des Fourches
Bois de l'Aunaie
Bois de Morlu
Préfontaine
Ru de Préfontaine
les Grés
les Grouettes
la Croix Blanche
les Murgers de Morlu
l'Érable
les Barreaux Bleus
Côte Sucrée
Vge
Pyl.
Rvoir
PR
GR 11
1
2
3
4
5
6
7
8
0 1:25000 500 m
Feuille 2113 ET
© IGN 2010
© 2014
N

Les **Jardins** de **Ninon**

PR agréé® 22

MOYEN

3H10 • 12,5KM

Du manoir de Méré près du « Cul Froid », la vue s'étend sur la campagne vexinoise. Dans le parc du domaine de Villarceaux, on retrouve peut-être une éternelle jeunesse à la fontaine de Jouvence…

DECTICELLE BARIOLÉE / DESSIN P.R.

1 De la ferme de la Bergerie, traverser la route et suivre le chemin en face. Ignorer un chemin à droite, continuer, puis entrer dans le bois.

2 À la fourche, poursuivre à gauche. Sortir du bois, puis descendre par le chemin de droite, en angle aigu, dans le vallon. Franchir le ru *(zone humide de marais boisé)*.

3 Remonter en face jusqu'au cimetière de Genainville.

4 Prendre la route à droite, entre le stade et la salle des Fêtes. Poursuivre par le chemin qui longe le centre équestre à droite, descendre dans le bois *(sur la droite, en contre-bas, fougère scolopendre)* et rester sur le chemin le plus large. Remonter en face et filer tout droit par le chemin à travers champs *(divers rapaces sont parfois visibles)*.

5 En lisière, tourner à gauche pour descendre dans le bois de la Moinerie. À l'orée du bois, virer à droite et contourner une parcelle clôturée. Au bout, aller à droite et déboucher sur une route ; l'emprunter à droite sur quelques mètres.

6 S'engager sur le chemin à gauche, et aller tout droit à travers le golf. Couper la route et continuer en face vers Haute-Souris. Dans le hameau, emprunter à droite la rue des Petites-Maisons. Longer des vergers et un lavoir. Ignorer la route à droite, dépasser la ferme remarquable de Méré en prenant à droite et gagner Cul-Froid.

7 À l'entrée du hameau, bifurquer sur le chemin à droite *(point de vue sur les paysages du Vexin)*.

8 Au carrefour, au milieu des champs *(vue sur le château de Villarceaux)*, tourner à droite. Au golf, virer à droite, puis descendre par la D 142 à gauche. Au niveau des étangs de Villarceaux, bifurquer à droite vers le golf *(à droite, le Petit Château)*, monter, puis emprunter le chemin à gauche pour revenir à la ferme.

S SITUATION
Chaussy, à 8 km au sud-ouest de Magny-en-Vexin
Coordonnées UTM :
31 T 406160-5441360

P PARKING
ferme de la Bergerie, à 2,5 km de Chaussy par la D 142

/ DÉNIVELÉE
altitude mini et maxi, dénivelée cumulée à la montée

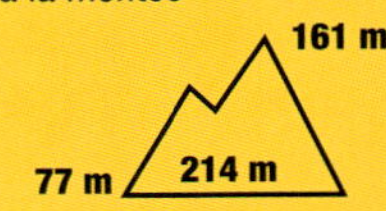

B BALISAGE **B6**
jaune

À DÉCOUVRIR...

> En chemin :
- domaine de Villarceaux : château, tour de Ninon
- ferme de la Bergerie
- ferme manoir du Méré
- points de vue sur la vallée de l'Aubette de Magny

> Dans la région :
- Magny-en-Vexin : église Notre-Dame XIIIe-XVIIe, piliers XVIIIe
- Omerville : maisons anciennes
- Genainville : église Saint-Pierre XIIIe-XVIe (double nef)
- site gallo-romain des Vaux-de-la-Celle, étang des Moines (pêche)

PATRIMOINE BÂTI

LE DOMAINE DE VILLARCEAUX

Sur un domaine de 70 hectares se côtoient des bâtiments et des jardins de toutes les époques depuis le Moyen Âge. Dans le vallon, les vestiges de la maison forte du XIIIe siècle, les jardins clos et les viviers étagés témoignent d'une vie en autarcie. À la Renaissance, le domaine s'étend et les communs sont adjoints au manoir. L'influence de l'Italie y est sensible. De sources en fontaines, cascades, canaux puis miroirs, l'eau guide la promenade. Au XVIIe siècle, la « tour de Ninon » abrite les amours célèbres de Louis de Mornay, marquis de Villarceaux, et de Ninon de Lenclos. Le château « d'en haut », édifié au XVIIIe siècle, s'approprie les paysages jusqu'à l'horizon par des jeux de mises en scène spectaculaires. La grande perspective du XIIe siècle se déploie sur un axe nord-sud. On accède au château du haut par un long tapis vert brodé de statues et rythmé par une succession de vertugadins engazonnés reliant rampes et escaliers. Préservé pendant la Révolution, le domaine de Villarceaux continuera à se développer au XIXe siècle (orangerie, serres, etc.).

DOMAINE DE VILLARCEAUX / PHOTO PNRVF.

ARTS ET LETTRES

Ninon de Lenclos, courtisane et femme savante

« Mon Dieu, faites de moi la femme que vous voudrez, pourvu que je sois un honnête homme », telle était la prière de Ninon, selon Voltaire. Le fut-elle ? Mlle de Scudéry la dépeint « de fort belle taille et d'une grandeur agréable, capable de plaire à tout le monde par un certain air libre et naturel ». La Fontaine, Racine, Molière, Saint-Évremond, tous vantèrent son esprit, « son bon ton et ses galanteries » ; elle enseignait, écrit M. de Chavagnac, « la manière jolie de faire l'amour ». Sa présence à Villarceaux ? Légende ou réalité ? Trois jours, trois ans ? Qu'importe ! On y visite toujours le manoir de Ninon, les bassins de Ninon, les fontaines, les bosquets évoquent ses amours avec Louis de Mornay, grand louvetier du roi. Elle eut une foule d'adorateurs, parmi les plus grands : Richelieu, Condé, Coligny, les Sévigné – père et fils, Saint-Évremond… Courtisane dès seize ans, elle accorda ses faveurs jusqu'à un âge très avancé. Peut-être était-ce dû à « l'eau de Ninon » qui la conserva « belle et fraîche et d'une santé parfaite jusqu'à 90 ans ». Rien de plus couru que la société de Ninon. À l'inverse des précieuses de l'hôtel de Rambouillet, ces « jansénistes de l'amour », son salon est sans affectation. Mme de Sévigné qui ne l'aimait guère en témoigne : « Elle rassemble tout sur ses vieux jours et les hommes et les femmes ». À sa mort, elle légua à Voltaire « une somme pour acheter des livres ».

l'Abbaye du Trésor
Bois de Fréval
Domaine de Lû
le Marais d'Ambleville
le Marais de Becquerel
Ru de Chaussy
Borde
l'Aubette
Pont Ru
la Pierre Fiche
St. pomp.
Côte des Demoiselles
les Billardes
Bois de Baudemont
Durand
la Villeneuve
Vivier
le Coq Sauvage
Baudemont
Mais. de retr.
Cim.
Source St-Martin
Rvoir
les Plaquets
Source Coquand
les Chênes
les Glaises
les Chapelles
les Groux
les Avernes
le Poteau
0,8
Fourges
l'Épine
l'Epte
Mon.
Tf.
Chât.
Éc.
le Moulin
l'Aulnaye
St-Louis
Coll.
Éc.
la Croix Santé
St. épur.
0,9
Bray-et-Lû
le Haras
le Marais de Baudemont
Villa des Prés
Fond de Bray
Marais de Frocourt
Fond de Frocourt
D 37
D 5
les Groux
Thiron
Croix d'Agneau
les Hautes Plantes
Source de la Liberté
Boucagny
Ruisseau des Mazlaux
D 142
Bois de Tiron
la Coutur
le But de Gagny
Bois de Val Perron
Val Perron
Bois Grippière
les Érableaux
l'Arbre Haut
les Longues Pièces
les Prés Corbon
la Glaisière
Bois du Chesnay
Amenucourt
0,2
Beauregard
Cim.
Mon.
Tf.
Roconval
la Mare Gâgne
le Petit Noyer
GR de Pays de la Vallée de l'Epte
le Chesnay
la Côte aux chiens
les Vaux
le Mal Gardé
Bois du Parc
la Vente-Amiard
le Clos des Coutume
Sources de l'Aulnaye
les Hauts
Bezu
PR
GRP
1
2
3
4
5
6
0
1:30000
600 m
(1:25000 réduit)
Feuilles 2112 E
2113 ET
© IGN 2010
2014
N

Autour du Marais

Une incursion enchanteresse dans l'Eure et une zone humide à protéger.

FAUCON CRÉCERELLE / DESSIN P.R.

1 De la place du 19-Mars-1962 (parking), prendre à gauche le sentier qui monte vers le bois, grimper en sous-bois, longer la lisière et tourner à gauche. Suivre la D 42 à gauche sur 100 m, puis le premier chemin à droite.

2 Descendre à gauche, contourner le bosquet par la gauche *(point de vue sur la vallée de l'Epte).* Poursuivre sur 1 100 m, dévaler la pente à gauche et parvenir à Fourges. Emprunter la rue principale à gauche, traverser la D 5, passer le moulin de Fourges *(marais de Frocourt à proximité)* et continuer par la route. Prendre la D 37 à gauche sur 100 m.

3 Tourner à droite sous les lignes à haute tension et monter par le chemin herbeux qui s'incurve légèrement vers la gauche, puis vire à droite 300 m plus loin *(point de vue sur la vallée de l'Epte)* et devient bordé de peupliers. Emprunter la route à gauche jusqu'à la ferme du Chesnay *(pigeonnier).*

4 À l'entrée de la ferme, suivre le chemin empierré à gauche, longer une clôture, puis obliquer à droite sur le plateau entre deux rangées d'arbres fruitiers et rester sur le chemin. À l'extrémité des arbres, se diriger à gauche sur 400 m, puis tourner à gauche.

BUSARD SAINT-MARTIN / DESSIN P.R.

5 Suivre le chemin à droite, puis le chemin à gauche. Prendre le premier chemin à droite et tourner deux fois à gauche. Au bout, poursuivre à droite, traverser un bois et continuer tout droit sur le plateau. Couper la petite route. Longer la lisière du bois de Tiron et poursuivre dans la même direction. Descendre au carrefour des D 37 et D 142, près d'un lotissement.

6 Prendre la D 142 à gauche sur 1 km pour traverser Bray-et-Lû. Franchir l'Epte, puis emprunter la D 86 à droite pour revenir au parking.

PR agréé® 23

MOYEN

4H • 16KM

S SITUATION
Bray-et-Lû, à 11 km à l'ouest de Magny-en-Vexin par la D 86
Coordonnées UTM :
31 T 401740-5443860

P PARKING
ancienne gare

/ DÉNIVELÉE
altitude mini et maxi
dénivelée cumulée
à la montée

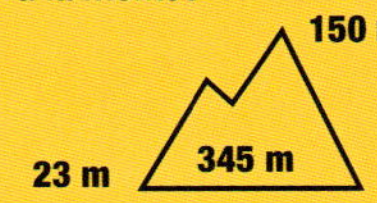

B BALISAGE **V2**
jaune

À DÉCOUVRIR...

> En chemin :
• Fourges : moulin XVIIIe • marais de Frocourt ou de Fourges • ferme du Chesnay (pigeonnier) • points de vue sur la vallée de l'Epte • Bray-et-Lû : église Notre-Dame

> Dans la région :
• La Roche-Guyon : château XIIIe-XVe et donjon féodal • Giverny : maison et jardins de Claude Monet • falaises de craie

MILIEUX NATURELS

LE MARAIS DE FROCOURT

Plus de 60 % des zones humides ont disparu de la région Ile-de-France depuis le début des années 1950. Du fait de leurs fonctions de régulateur hydrologique, d'épurateur des eaux de surface et de réservoir biologique, les zones humides doivent être restaurées et préservées dans l'intérêt commun. Le marais de Frocourt constitue une des rares zones humides de la basse vallée de l'Epte non entièrement dévolue à la culture du peuplier. La gestion écologique dont il bénéficie permet le développement de formations herbacées humides avec un cortège relativement important d'espèces végétales peu fréquentes, comme la Cardamine impatiente, et dans les fossés, la Zannichéllie des marais, toutes deux protégées. Au sud du site, un petit boisement alluvial naturel abrite une autre espèce végétale protégée, la Balsamine des bois. Quant à la faune, on peut citer la Bergeronnette des ruisseaux qui se reproduit sur les berges de l'Epte, la Rousserolle turdoïde, et des libellules comme le Caloptéryx éclatant ou le Cordulégastre annelé qui se cantonne aux fossés en eau.

CHEVAUX CAMARGUAIS DANS LE MARAIS DE FROCOURT / PHOTO PNRVF.

ÉCONOMIE

LA VIEILLE MONTAGNE

Source d'emplois, l'usine de la Vieille Montagne tient une importance considérable dans la vie de Bray-et-Lû. À l'origine, le village était alors majoritairement peuplé d'ouvriers de l'usine. Son implantation, au XIXe siècle, apporte une cohésion et une solidarité dans l'une des rares communes du Vexin français où l'activité agricole est minime. En 1850, elle emploie 140 personnes. L'activité de l'usine de la Vieille Montagne est la transformation du zinc. Elle occupe 6 hectares et se décompose en plusieurs ateliers : une fonderie, huit laminoirs, une zinguerie et une filature. Au XIXe siècle, l'église du village tombant en ruine, l'usine fournit un terrain pour construire le nouvel édifice. La toiture du clocher fut réalisée avec le zinc de la fabrique. L'usine, toujours en activité aujourd'hui, ne se visite pas.

ÉGLISE DE BRAY-ET-LÛ / PHOTO C.B.

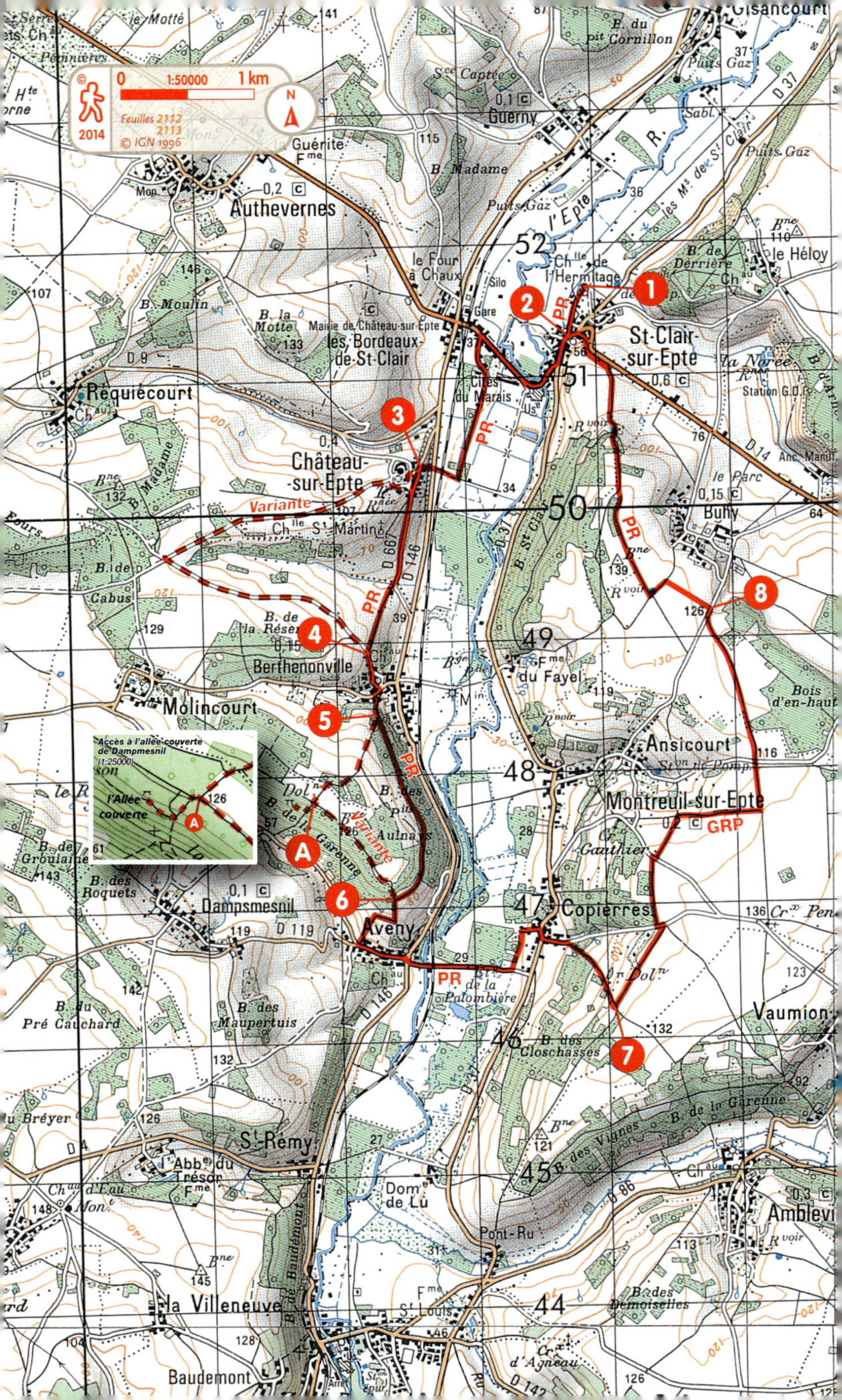

0
1:50000
1 km
©
2014
Feuilles 2112
2113
© IGN 1996
N
Accès à l'allée couverte de Dampmesnil
(1:25000)
l'Allée couverte
126
A
Authevernes
Guerny
Gisancourt
Guérite Fme
B. Madame
Puits Gaz
l'Epte
le Four à Chaux
Silo
Gare
Mairie de Château-sur-Epte
les Bordeaux-de-St-Clair
Ch.lle de l'Hermitage
St-Clair-sur-Epte
le Héloy
Réquiécourt
B. Moulin
B. la Motte
Cités du Marais
Château-sur-Epte
Variante
Ch.lle St Martin
B. de Cabus
B. de la Réserve
Berthenonville
Molincourt
Buhy
le Parc
Station G.D.F.
La Norée
Anc. Manuf.
B. St Clair
Fme du Fayel
Bois d'en-haut
Ansicourt
Montreuil-sur-Epte
GRP
Gauthier
Copierres
B. des Aulnays
B. de Garenne
B. de Groulaine
B. des Roquets
Dampsmesnil
Aveny
de la Palombière
B. du Pré Cauchard
B. des Maupertuis
B. des Closchasses
Vaumion
B. de la Garenne
B. des Vignes
St-Rémy
Abbe du Trésor
Dom. de Lu
Pont-Ru
Amblevil
B. des Demoiselles
la Villeneuve
B. de Baudemont
Fme St Louis
Crx d'Agneau
Baudemont
PR
1
2
3
4
5
6
7
8
A

Les **Coteaux** de **Saint-Clair**

PR agréé® 24

MOYEN

4H • 16KM

La frontière entre le Vexin normand et le Vexin français, conséquence du traité de Saint-Clair-sur-Epte conclu en 911 par Rollon et Charles le Simple.

1 Rejoindre le centre du village.

2 Prendre la route principale à droite et gagner l'entrée des Bordeaux-de-Saint-Clair. Emprunter la route à gauche. Elle devient un chemin. Au bout, tourner à droite, traverser la voie verte (ancienne voie ferrée), puis la D 146 et arriver à Château-sur-Epte. Suivre la D 667 à gauche sur 20 m.

> Variante *(circuit de 18,5 km)* : monter à droite vers le château, poursuivre par la petite route qui devient un chemin et tourner à gauche pour rejoindre l'entrée de Berthenonville.

3 Continuer par la D 667 sur 1 km. Dans le virage, prendre en face le chemin de plaine.

4 Poursuivre par la route à gauche et gagner Berthenonville. Prendre la D 8 à droite sur 80 m, partir à gauche et atteindre une bifurcation.

> Variante par l'allée couverte de Dampmesnil : monter par le chemin à droite et traverser le bosquet. A En lisière du bois de la Garenne *(accès possible non balisé à l'allée couverte : prendre à droite sur 10 m puis à gauche ; emprunter le deuxième chemin sur la droite)*, **tourner à gauche et descendre vers Aveny pour rejoindre l'itinéraire principal.**

5 Emprunter à gauche le chemin qui s'enfonce dans le bois. Passer une source, obliquer à droite et quitter le bois.

6 À la croisée de chemins, descendre à gauche, tourner à droite, puis dévaler la pente à gauche jusqu'à Aveny. Prendre la D 119 à gauche, la D 146 à droite à l'angle du château, tourner sur la route à gauche. Franchir l'Epte, passer l'ancienne gare et continuer sur 750 m. Avant Copierres, s'engager sur le chemin à gauche. Au bout, virer à droite, emprunter la D 37 à droite sur 30 m, la rue à gauche, puis monter par le chemin à droite.

7 Prendre le chemin à gauche. Emprunter la route à gauche sur 100 m puis le chemin à droite. Couper la route (décalage à droite) et virer à gauche. Emprunter le chemin à droite puis le chemin à gauche. Traverser la route, continuer tout droit, puis suivre la route à droite sur 50 m puis le chemin à gauche. Traverser la route, continuer tout droit, puis suivre la route à droite sur 50 m.

8 S'engager sur le chemin à gauche. Tourner à gauche puis à droite et descendre vers Saint-Clair-sur-Epte. Longer la D 14 à gauche sur 200 m puis la rue à gauche.

2 Rejoindre à droite le parking de l'Ermitage.

S SITUATION
Saint-Clair-sur-Epte, à 36 km au nord-ouest de Cergy-Pontoise par les A 15 et D 14
Coordonnées UTM : 31 T 403840-5451530

P PARKING
ermitage

/ DÉNIVELÉE
altitude mini et maxi
dénivelée cumulée à la montée

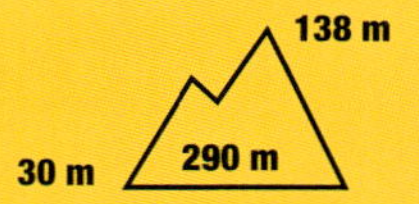

B BALISAGE **V4**
jaune

À DÉCOUVRIR...

> En chemin :
• Saint-Clair-sur-Epte : chapelle de l'Ermitage et fontaine miraculeuse Saint-Clair • Château-sur-Epte : ancien château fortifié, allée couverte de Dampmesnil
• Aveny : château, pont pittoresque XVIIIe

> Dans la région :
• Saint-Gervais : château de Magnitot (privé)
• Ambleville : château XIIe-XVIIIe et jardins à l'italienne (privé)
• voie verte aménagée entre Gasny et Gisors

TECHNIQUES ET TRADITIONS

La ferme du Prieuré et le verger conservatoire de Saint-Clair-sur-Epte

Aux confins de l'Île-de-France et de la Normandie, à Saint-Clair-sur-Epte, la ferme du Prieuré rassemble une importante collection de matériel cidricole comprenant plusieurs pressoirs et grugeoirs, dont un pressoir monumental en bois du début du XVIIIe siècle, un broyeur à pommes en pierre de même origine et un alambic ambulant. L'ancienne cidrerie Hamot de Magny-en-Vexin y est également reconstituée. Celle-ci compte plus de 900 pièces, dont une vingtaine de mannequins en habits traditionnels. En 1991, la commune a créé un verger conservatoire afin de sauvegarder les variétés en voie de disparition et de valoriser les savoir-faire liés à la culture fruitière. Il rassemble sur 3 ha, 550 variétés de pommiers et 350 variétés de poiriers. La ferme du Prieuré et le verger conservatoire sont ouverts au public à l'occasion de manifestations notamment lors de la fête de la pomme organisée chaque année à l'automne.

PHOTO N.V.
VERGER / PHOTO PNRVF.

HISTOIRE

Un audio-visio-guide pour la vallée de l'Epte !

De Saint-Clair-sur-Epte, laissez-vous guider par le chef viking Rollon et Lara Venture, une archéologue virtuelle, pour une balade à la découverte de l'histoire et de la nature de la vallée de l'Epte ! L'audio-visio-guide, téléchargeable via le site Internet du Parc aux formats audio (MP3) et vidéo (MP4), est disponible en français, anglais ainsi qu'en langue des signes française (LSF).

MILIEUX NATURELS

LE MARAIS DE SAINT-CLAIR

CALOPTÉRYX ÉCLATANT (MÂLE) / PHOTO N.V.

Le marais de Saint-Clair-sur-Epte est composé de trois milieux principaux : le cours de l'Epte, les bois alluviaux et des prairies plus ou moins humides, en bon état de conservation, ponctuées de petits habitats qui participent à sa diversité. La rivière elle-même profite de ce contexte prairial : l'éclairement favorisant le développement d'herbiers aquatiques remarquables avec la rare Renoncule flottante et la Zannichellie des marais. Autre espèce protégée en Ile-de-France, la Balsamine des bois fleurit dans les bois alluviaux. Les fossés hébergent l'Agrion de mercure, demoiselle protégée au niveau national et les prairies sont fréquentées par le Vanneau huppé, le Pipit farlouse et le rare et très discret Criquet ensanglanté. Ce marais fait partie du site Natura 2000 de la vallée de l'Epte francilienne et ses affluents, réseau européen permettant la préservation de ces milieux remarquables et des espèces associées.

CHARDONNERET ÉLÉGANT / DESSIN P.R.

HÉRON CENDRÉ / DESSIN P.R.

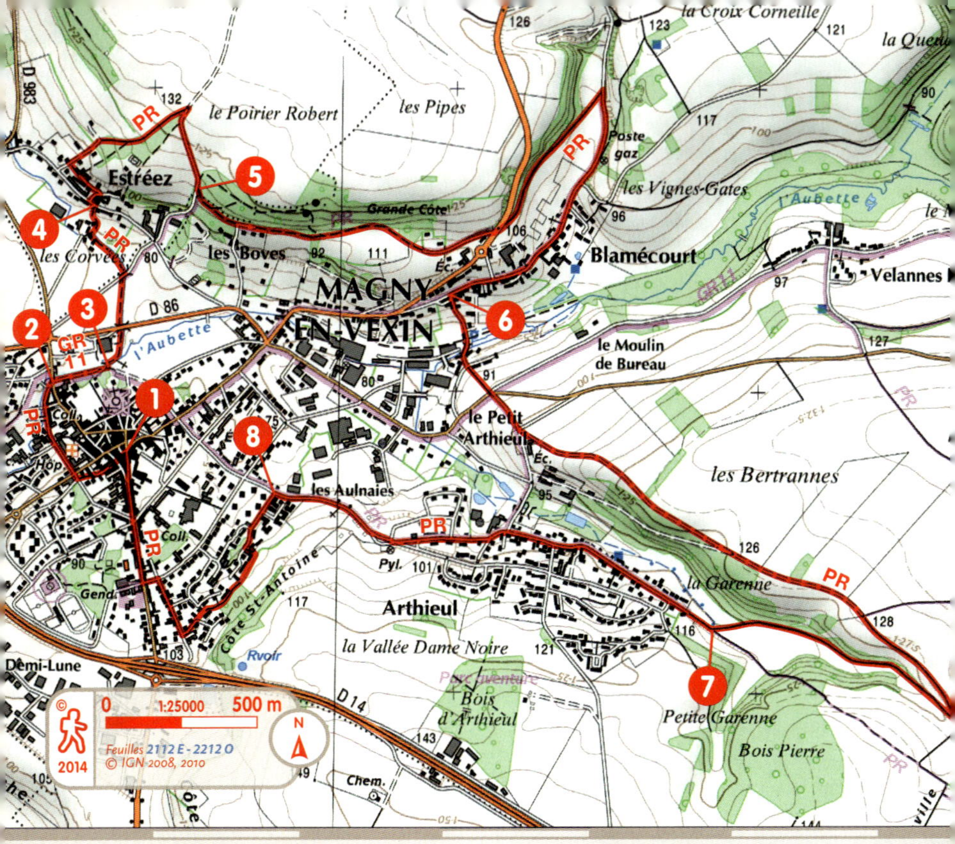

GASTRONOMIE

LE PAVÉ DE VILLEROY

Ce pain est une création originale, qui évoque par sa forme et son nom les pavés de la vieille ville de Magny-en-Vexin.

En voici le secret :

- Ingrédients : farine de tradition écrasée à la meule de pierre comme autrefois, eau, levure et sel.
- La veille de sa fabrication, élaborer le levain : mélange d'eau, de farine de tradition et d'un peu de levure.
- Pétrir farine, eau, sel et incorporer le levain : 8 minutes dans le pétrin.
- Laisser la pâte lever pendant 3 heures, avec un rabat d'une heure trente puis détailler la pétrissée en forme de pavé.
- Laisser lever 45 minutes avant la mise au four.
- Cuire pendant 35 minutes environ.

À la **découverte** de **Magny**

Autrefois communes, Blamécourt et Arthieul conservent le charme d'antan au sein de Magny.

1 Prendre la rue des Etaimiers à gauche de la librairie puis la petite rue de la Ferronnerie dans l'angle à gauche. Remonter légèrement la rue Villeroy à gauche et s'engager dans la rue de la Poste à droite. Poursuivre tout droit, dans l'angle par la ruelle du jardinet. Descendre à droite et continuer en face par le boulevard des Ursulines.

2 Suivre le boulevard des Chevaliers à droite et rejoindre le lavoir.

3 Franchir à gauche le petit pont sur l'Aubette et longer le ru jusqu'à Estrez. Prendre à droite et monter par l'escalier.

4 Suivre à gauche la Grande Rue d'Estrez sur quelques mètres. Emprunter à droite la rue de la Cour-Céleste. Poursuivre par la rue de la Croix à gauche puis prendre à droite la rue de la Plaine. Descendre par la route à droite sur 200 m.

5 Entrer dans le bois des Boves à gauche. Le chemin surplombe le château des Boves. Poursuivre jusqu'à Blamecourt, passer derrière l'ancienne mairie et continuer par le chemin des Vignes. Traverser la D 86, prendre le chemin en face, puis descendre à droite par la rue A.-et-M.-Guesnier.

6 Prendre la rue du Moulin-de-Bureau à gauche, franchir l'ancienne voie ferrée de Magny à Chars, puis monter par la sente à gauche et traverser le carrefour. Avant l'école d'Arthieul *(ancienne mairie)*, bifurquer à gauche et monter par le chemin sur 1 km. Au bout, virer à droite en angle aigu afin de revenir à Arthieul.

7 Emprunter la chaussée Jules-César à droite. À l'entrée d'Arthieul, continuer par la route en face, traverser le hameau *(lavoir)* et poursuivre vers Magny.

8 En bas, à l'entrée de Magny, passer à gauche sous le porche, continuer sur 100 m, aller à gauche dans le lotissement et longer le bois des Maréchaux. Prendre la rue des Regards à droite, tourner à gauche et emprunter la rue de Crosne à droite. Après l'hôtel de ville, descendre tout droit par la rue de Paris, passer entre les piliers et retrouver la place de la Halle.

ÉGLISE DE MAGNY / PHOTO J.F.

PR agréé® 25

MOYEN

3H • 11KM

S SITUATION
Magny-en-Vexin, à 27 km au nord-ouest de Cergy-Pontoise par les A 15 et D 14
Coordonnées UTM :
31 T 411550-5445430

P PARKING
place de la Halle

DÉNIVELÉE
altitude mini et maxi
dénivelée cumulée à la montée

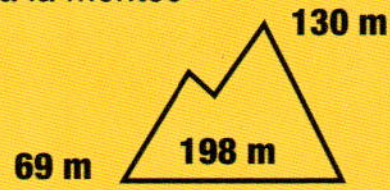

B BALISAGE **V5**
jaune

À DÉCOUVRIR...

> En chemin :
- Magny-en-Vexin : lavoir, église Notre-Dame XIIIe-XVIIe, piliers XVIIIe
- vallée de l'Aubette de Magny

> Dans la région :
- Nucourt : église Saint-Quentin XIIe
- Chaussy : domaine de Villarceaux
- Genainville : site gallo-romain des Vaux-de-la-Celle, étang des Moines (pêche)

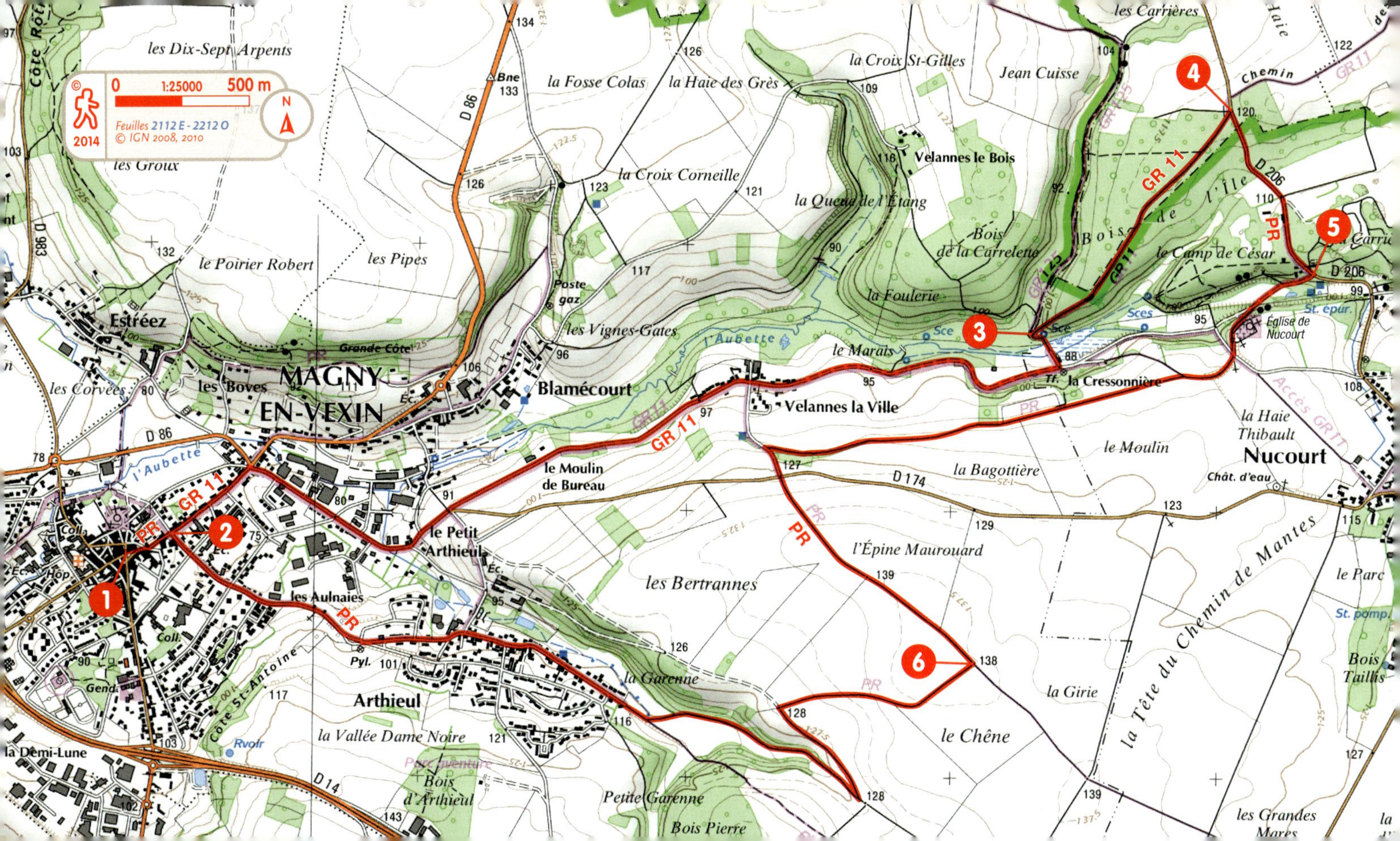

© 2014
0 1:25000 500 m
Feuilles 2112 E - 2212 O
© IGN 2008, 2010
N
MAGNY EN-VEXIN
Estréez
Blamécourt
Velannes la Ville
Velannes le Bois
Nucourt
Arthieul
le Petit Arthieul
les Dix-Sept Arpents
les Groux
le Poirier Robert
les Pipes
la Fosse Colas
la Haie des Grès
la Croix St-Gilles
Jean Cuisse
les Carrières
la Croix Corneille
la Queue de l'Étang
Bois de la Carrelette
la Foulerie
Bois de l'Île
le Camp de César
les Vignes-Gates
Grande Côte
les Corvées
les Boves
le Marais
la Cressonnière
Église de Nucourt
St. épur.
la Haie Thibault
le Moulin
le Moulin de Bureau
la Bagottière
Chât. d'eau
l'Épine Maurouard
les Bertrannes
les Aulnaies
la Garenne
la Girie
le Chêne
la Tête du Chemin de Mantes
le Parc
St. pomp.
Bois Taillis
les Grandes Mares
la Vallée Dame Noire
Côte St-Antoine
Bois d'Arthieul
Petite Garenne
Bois Pierre
la Demi-Lune
Rvoir
Poste gaz
l'Aubette
Accès GR 11
GR 11
PR
D 86
D 983
D 174
D 206
D 14
1
2
3
4
5
6

L'église de Nucourt par le bois de l'Île

Flanquée de deux tours, l'église Saint-Quentin émerge des cultures, à deux pas de la source de l'Aubette.

LINOTTE MÉLODIEUSE / DESSIN P.R.

1 De la place de la Halle, descendre par la rue de Beauvais.

2 Poursuivre par le GR®11. Au carrefour, prendre la D 174 à droite en direction de Nucourt. Au croisement, après Le Petit-Arthieul, bifurquer sur la route à gauche et traverser Velannes-la-Ville. Continuer le long du vallon de l'Aubette. Emprunter la route à gauche *(cressonnières puis source à droite)*.

3 Monter par le chemin à droite (GR®11) dans le bois de l'Île.

4 À la sortie du bois, prendre la D 20b à droite et laisser le Camp de César à droite *(Centre d'initiation à l'environnement)*.

5 Au croisement, prendre à droite le chemin empierré, puis monter à gauche vers l'église isolée de Nucourt. La dépasser et poursuivre par le chemin en face. À la hauteur de Velannes, monter par la route à gauche, traverser la D 174 et continuer par le chemin de plaine.

6 Suivre le chemin à droite, tourner à gauche, puis virer à droite en angle aigu. Emprunter la chaussée Jules-César à droite. Traverser Arthieul par la rue du Village puis la rue Eugène-Blouin et descendre à Magny.

2 Tourner à gauche pour retrouver la place de la Halle.

ÉGLISE DE NUCOURT / PHOTO R.S.

PR agréé® **26**

MOYEN

3H30 • 14KM

S SITUATION
Magny-en-Vexin, à 27 km au nord-ouest de Cergy-Pontoise par les A 15 et D 14
Coordonnées UTM : 31 T 411550-5445430

P PARKING
place de la Halle

DÉNIVELÉE
altitude mini et maxi
dénivelée cumulée à la montée

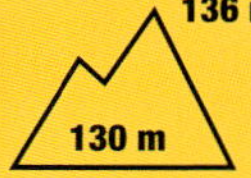

B BALISAGE **V6**
jaune

À DÉCOUVRIR...

> En chemin :
• Velannes-le-bois : cressonnière, source de l'Aubette • Nucourt : église Saint-Quentin XIIe • Camp de César

> Dans la région :
• Nucourt : Les Vergers d'Hardeville (pommes bénéficiant de la marque *Produit du Parc*)
• Moussy : manoir XVe-XVIe (privé) • Commeny : maison du Pain

PATRIMOINE BÂTI

LE CAMP DE CÉSAR, UNE FORTIFICATION CELTIQUE

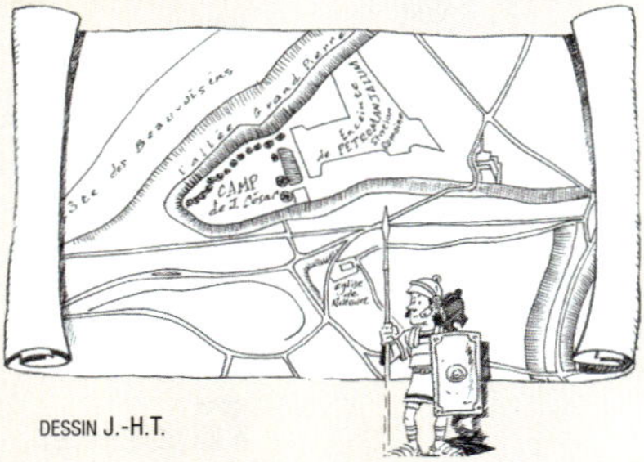

DESSIN J.-H.T.

Le Camp de César de Nucourt est un retranchement de hauteur aménagé sur l'extrémité escarpée d'un plateau calcaire appelé « éperon barré ». Un large fossé entaillant profondément le sous-sol calcaire coupe transversalement le plateau du nord au sud et protège ainsi un espace de près de deux hectares. Ce fossé de plus de cent cinquante mètres de long a permis d'extraire un matériau pour l'élaboration d'une levée ici aménagée en mur de cinq mètres de large. Ce rempart fut construit aux VI-Ve siècles avant notre ère (âge du fer) puis réaménagé à plusieurs reprises au Haut Moyen Âge.

Depuis 2009, le site porte une nouvelle dynamique pour l'accueil de groupes, notamment de jeunes (classes transplantées, séjours de courte durée à vocation pédagogique…).

LE CENTRE D'INITIATION À L'ENVIRONNEMENT / PHOTO PNRVF.

TECHNIQUES ET TRADITIONS

La culture du cresson

Les cressonnières se sont développées au XIXe siècle, principalement dans la vallée de la Viosne et de l'Aubette de Magny. Cueilli autrefois à l'état sauvage, le cresson nécessite la présence de sources pour se développer. Il n'existe plus de cressonnières en activité dans le Vexin français, mais il est possible d'en apercevoir les traces dans certains marais (Brignancourt, Velannes). Une cressonnière comprenait des fosses de 2,50 m de large sur une cinquantaine de mètres de longueur. La profondeur de l'eau variait de 40 à 50 cm. L'eau était amenée et évacuée par un système de canaux. Le travail du cressiculteur était pénible : à genoux sur une planche placée en travers de la fosse, il récoltait le cresson jusqu'à cinq fois par an. Les bottes confectionnées étaient ensuite placées dans de grandes hottes d'osier.

Cressonnières / Photo PNRVF.

Salamandre tachetée / Dessin P.R.

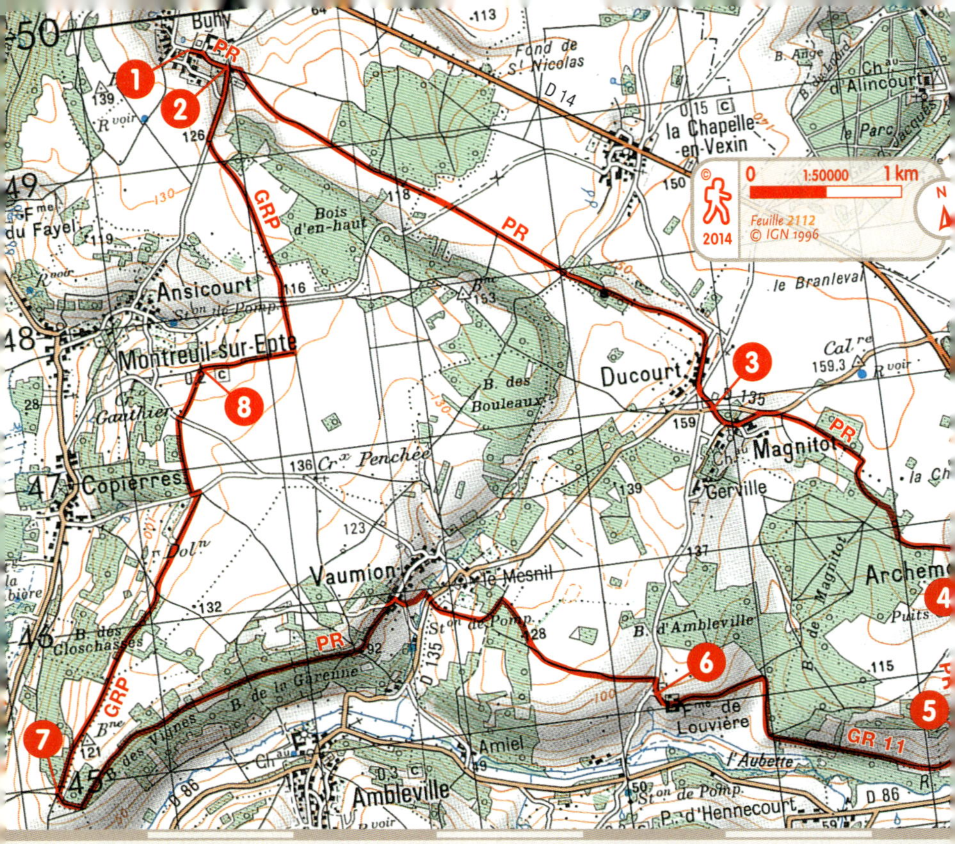

PATRIMOINE BÂTI

L'ARCHITECTURE DES FERMES DANS LE VEXIN FRANÇAIS

La distribution des villages dans le Vexin français a vraisemblablement pour origine les anciennes fermes (villa ou domaine de l'époque gallo-romaine). Suite aux invasions barbares, les villages ont gardé concentrées les fermes et toutes leurs activités. À partir du XVIe siècle, le développement de nouvelles techniques agricoles a entraîné l'apparition de grandes propriétés construites hors des villages. Celles-ci disposent d'une architecture particulière dans laquelle on retrouve un caractère défensif en façade extérieure et une architecture de façade intérieure liée à toutes les activités agricoles de l'époque : écuries, grange, étable, pigeonnier, fournil, basse-cour, etc.

FERME DE LA LOUVIÈRE / PHOTO PNRVF.

Entre **l'Epte** et **l'Aubette de Magny**

Musarder à travers garennes et remises dans les terres du seigneur de Buhy, « Pape des huguenots ».

1 Face à l'église, aller à gauche et continuer jusqu'au croisement.

2 Poursuivre par le chemin en face, puis obliquer sur le chemin à droite. Il passe en lisière du bois. Couper la route, continuer et, à la croisée de chemins, prendre la route empierrée tout droit. Elle conduit à une station de gaz enterrée. Longer la clôture et traverser le bosquet. Le chemin se faufile entre les pâturages et arrive dans le hameau de Ducourt. Traverser le village par la route principale.

3 Couper la D 135, entrer dans Magnitot *(château à droite)* puis prendre à gauche la rue du Prieuré. Longer la D 135 à droite sur 150 m, puis s'engager à droite sur le sentier qui longe un bosquet. Entrer dans la partie nord du bois de Magnitot et descendre dans Archemont. Continuer par la rue principale.

4 Prendre à droite la rue aux Vaches, poursuivre à travers champs et descendre à gauche dans la vallée de l'Aubette.

5 Emprunter le chemin à droite. Il longe la vallée de l'Aubette, puis tourne à droite en lisière du bois de Magnitot et vire à gauche. Passer à droite de la ferme de Louvière.

6 Monter par la route à droite sur 50 m, puis par le chemin de terre à gauche. Longer la lisière du bois (balisage très espacé) sur 200 m. Se diriger à gauche sur 100 m pour traverser le bosquet et descendre à Vaumion par le chemin de terre. Couper la D 135, continuer en face puis tourner à gauche. Emprunter la route à droite sur 150 m, la route à gauche sur 30 m, puis tout droit sur le chemin des Vignes. Traverser les bois de la Garenne et des Vignes et arriver à une croisée de chemins.

7 Monter par le chemin à droite. Il suit la bordure du plateau. Prendre la route à gauche sur 200 m, puis le chemin à droite. Couper la route (décalage à droite) et continuer à gauche sur le chemin.

8 Tourner à droite, puis suivre le chemin à gauche. Traverser la route et continuer sur le chemin. Emprunter la route à droite pour revenir à Buhy.

2 Au cimetière, tourner à gauche pour retrouver l'église.

PR agréé® 27

DIFFICILE

5H30 • 22,5KM

S SITUATION
Buhy, à 35 km au nord-ouest de Cergy-Pontoise par les A 15 et D 14
Coordonnées UTM :
31 T 404720-5449780

P PARKING
église

DÉNIVELÉE
altitude mini et maxi
dénivelée cumulée à la montée

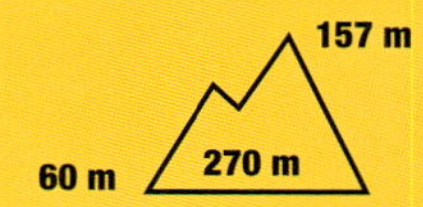

B BALISAGE **V8**
jaune

À DÉCOUVRIR...

En chemin :

- Buhy : église Saint-Saturnin XIIe-XVe
- Magnitot : château (privé)
- points de vues sur les vallées de l'Aubette et de l'Epte
- ferme de la Louvière

Dans la région :

- Saint-Clair-sur-Epte : chapelle de l'Ermitage et fontaine miraculeuse Saint-Clair, verger conservatoire (visite sur rendez-vous)
- Omerville : vieilles maisons en pierres sèches

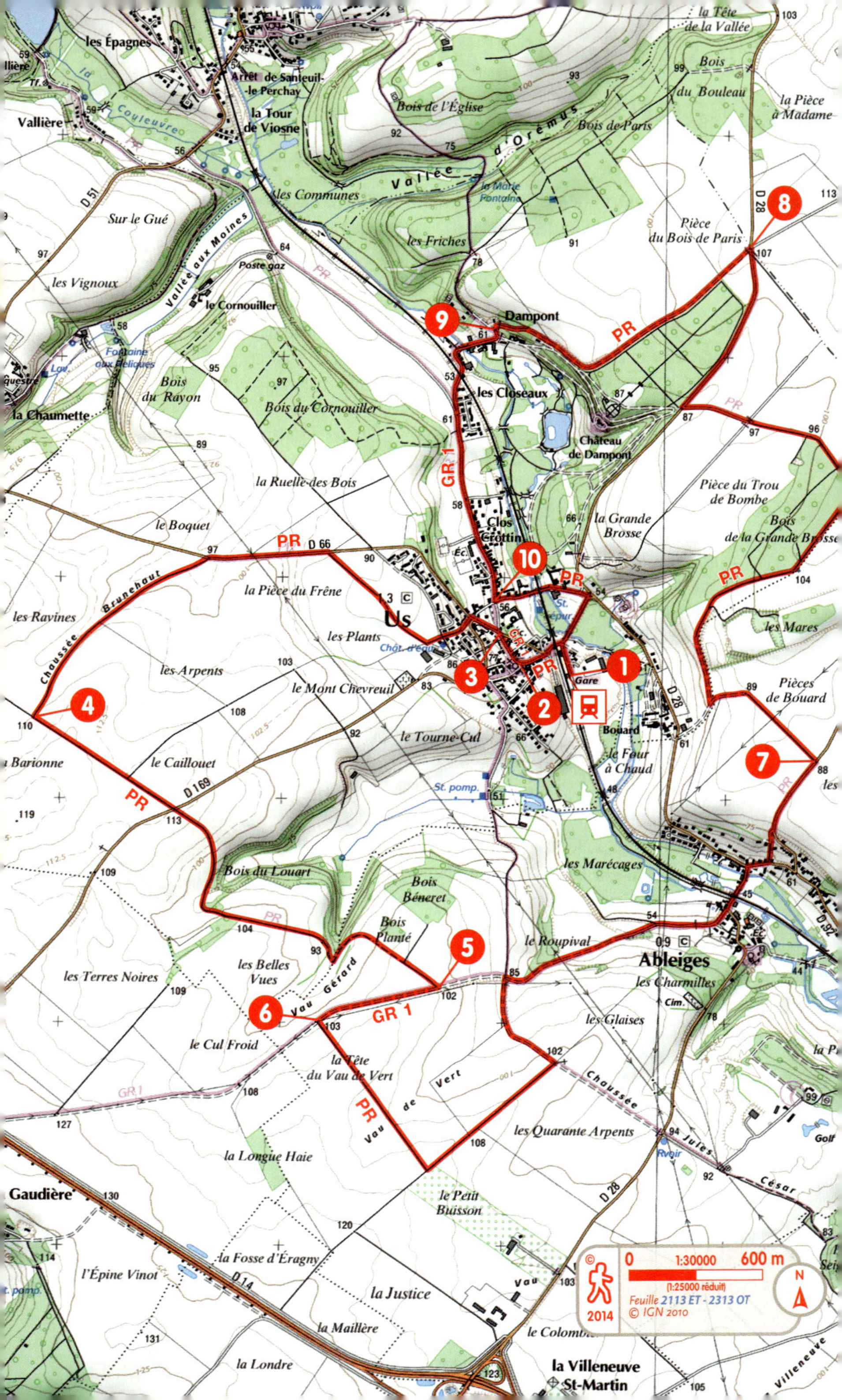

les Épagnes
Vallière
Arrêt de Santeuil-le Perchay
la Tour de Viosne
la Couleuvre
Bois de l'Église
Vallée d'Orémus
Bois de Paris
Bois du Bouleau
la Tête de la Vallée
la Pièce à Madame
les Communes
la Mare Fontaine
les Friches
Pièce du Bois de Paris
D 28
D 51
Sur le Gué
Vallée aux Moines
Poste gaz
les Vignoux
le Cornouiller
Fontaine aux Reliques
Dampont
les Closeaux
Château de Dampont
Bois du Rayon
Bois du Cornouiller
la Chaumette
la Ruelle des Bois
Pièce du Trou de Bombe
Bois de la Grande Brosse
la Grande Brosse
Clos Crottin
le Boquet
D 66
la Pièce du Frêne
Us
les Plants
Chât. d'eau
les Ravines
Chaussée Brunehaut
les Arpents
le Mont Chevreuil
Gare
Bouard
le Four à Chaud
les Mares
Pièces de Bouard
Barionne
le Caillouet
le Tourne-Cul
D 169
St. pomp.
Bois du Louart
les Marécages
Bois Béneret
Bois Planté
le Roupival
Ableiges
les Terres Noires
les Belles Vues
Vau Gérard
les Charmilles
le Cul Froid
la Tête du Vau de Vert
les Glaises
Vau de Vert
Chaussée Jules César
les Quarante Arpents
la Longue Haie
Gaudière
le Petit Buisson
la Fosse d'Éragny
D 14
l'Épine Vinot
la Justice
la Maillère
la Londre
le Colombier
la Villeneuve St-Martin
Golf
PR
GR 1
1
2
3
4
5
6
7
8
9
10
0
1:30000
600 m
(1:25000 réduit)
Feuille 2113 ET - 2313 OT
© IGN 2010
2014
N

Entre **César et Brunehaut**

Malgré une guerre féroce avec Frédégonde, reine de Neustrie, Brunehaut, reine d'Austrie fit exécuter des travaux remarquables : « les chaussées de Brunehaut »

1 De la gare, partir à gauche et franchir le passage à niveau. Au rond-point, prendre en face la rue Jean-Jaurès.

2 Devant l'église, tourner à droite dans la rue H.-Clement.

3 Prendre à gauche la rue de la Libération, à gauche encore la rue de la Chaussée Jules-César, puis en haut de la côte le deuxième chemin à droite. Emprunter la D 66 à gauche (vue à droite sur le château) et bifurquer à gauche sur la chaussée Brunehaut.

SITELLE TORCHEPOT / DESSIN P.R.

4 Emprunter la chaussée Jules-César à gauche. Traverser la D 169 et poursuivre. Après un parcours sinueux, le chemin se faufile à l'intérieur d'une haie.

5 À l'intersection, monter par le chemin à droite.

6 Prendre le chemin à gauche. À l'angle des vergers d'Ableiges, tourner à gauche. À la croix, virer à gauche. Au croisement, descendre par le chemin à droite sur 1 km. À Ableiges, poursuivre en face par la rue du Général-Leclerc et passer la voie ferrée. Au carrefour, emprunter la rue Jean-Perrin à droite, puis monter par le chemin des Cormeilles à gauche. En haut de la côte, continuer par la route en face.

7 S'engager sur le chemin à gauche. Dans la descente, virer en angle aigu sur le chemin à droite. Il contourne le bois de la Grande-Brosse par la droite. Traverser la voie abandonnée, puis prendre la D 28 à droite *(prudence !)*.

8 En haut de la côte, prendre le chemin à gauche sur plus d'1 km.

9 En bas de la descente, tourner à gauche dans la rue Léon-Kersaint et poursuivre par la route jusqu'à Us.

10 Dans le village, au premier carrefour, tourner à gauche. Après le lavoir, passer la voie ferrée et suivre la route à droite. Virer à gauche pour revenir à la gare.

PR agréé®

28

DIFFICILE

4H30 • 17,5KM

S SITUATION
Us, à 17 km au nord-ouest de Cergy-Pontoise par les A 15, D 14 et D 169
Coordonnées UTM : 31 T 424880-5439050

P PARKING
gare

/ DÉNIVELÉE
altitude mini et maxi
dénivelée cumulée à la montée

B BALISAGE **JC3**
jaune

! DIFFICULTÉS !
prudence le long de la D 28 avant **8**

À DÉCOUVRIR...

> En chemin :
• Us : église Notre-Dame XIIIe-XIVe-XIXe, château de Dampont (privé)
• Ableiges : Les Vergers d'Ableiges (pommes, poires et jus de fruits bénéficiant de la marque *Produit du Parc*)

> Dans la région :
• Commeny : maison du Pain • Santeuil : église Saint-Pierre-et-Saint-Paul XIIe-XIIIe (nef XIIIe)
• Théméricourt : musée du Vexin français

ÉCONOMIE

LES VERGERS D'ABLEIGES

Plantés par la famille Barrois en 1978 et étendus sur 12 hectares, les vergers d'Ableiges n'abritent pas moins de 28 variétés différentes de pommiers et poiriers. Une partie de cette production est transformée en jus. Perpétuant la tradition arboricole du Vexin, Valérie et Laurent Barrois font revivre des variétés anciennes telles que la Clochard ou la Cox's Orange. Leur activité, respectueuse de l'environnement, est encouragée par le Parc au travers de l'attribution de la marque « produit du Parc naturel régional du Vexin français » pour les pommes et les jus de fruits. L'exploitation applique les principes d'une lutte dite intégrée, utilisant des herbicides non polluants et se débarrassant des insectes nuisibles grâce à d'autres insectes prédateurs qui s'en nourrissent.

HISTOIRE

LA CHAUSSÉE BRUNEHAUT DANS LE VEXIN FRANÇAIS

La chaussée Brunehaut, d'un axe sud-nord, remontait de *Cenabo* (Orléans), chef-lieu de la cité des Carnutes, vers *Caesaromagus* (Beauvais), chef-lieu de la cité des Bellovaques. Au Moyen Âge, un itinéraire passant par Paris s'est substitué à cet axe antique. Franchissant la Seine à hauteur de Meulan, la chaussée traverse le Parc naturel régional du Vexin français de Gaillon-sur-Montcient à Neuilly-en-Vexin. Préservée sous la forme d'un chemin d'exploitation entre Condécourt et Vigny, elle croise la chaussée Jules-César à Us puis « emprunte » la Vallée aux Moines avant de traverser un affluent de la Viosne au lieu-dit « La Fontaine-aux-Reliques ». À proximité de Santeuil, un tronçon mis au jour en 1988, révèle une importante nécropole du Haut Moyen Âge avec plus de 180 sépultures. La chaussée est toujours empruntée, pour partie sous la forme de l'actuelle route de Santeuil à Marines et du sentier GR® 1.

ALOUETTE DES CHAMPS / DESSIN P.R.

PHOTO S. PERERA/ALIZARI©.

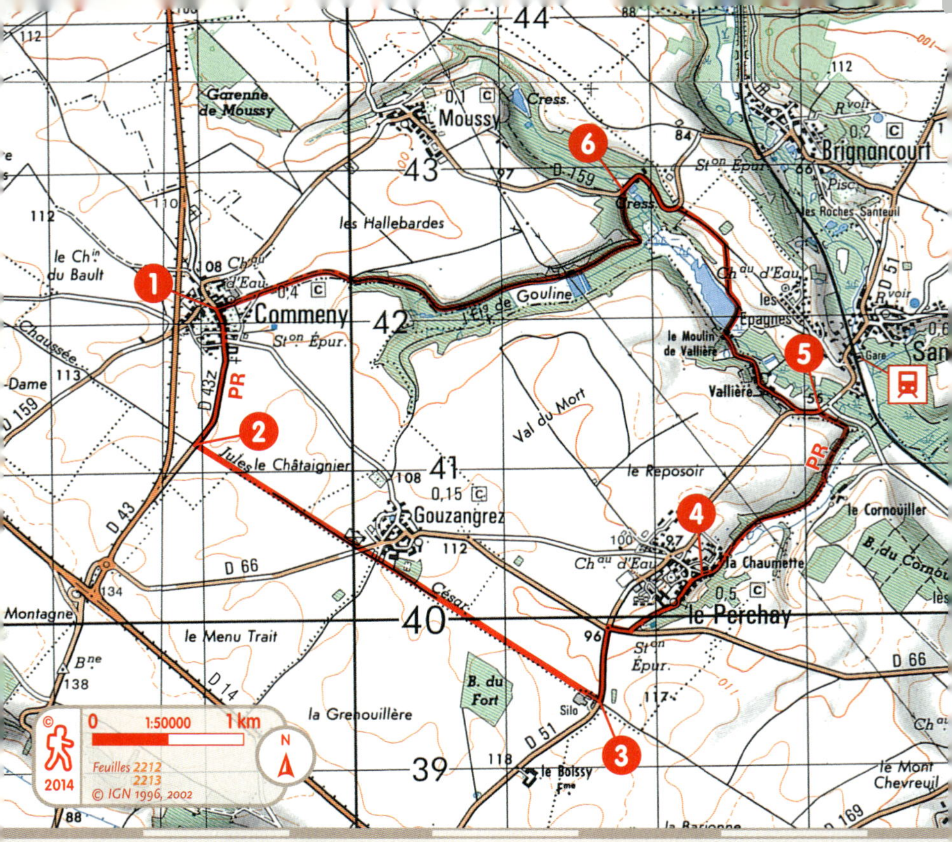

TECHNIQUES ET TRADITIONS

La maison du Pain

Situé au cœur du plateau céréalier, Commeny est un village agricole, caractéristique du Vexin français. La boulangerie de Commeny, élément essentiel de la vie du village, a gardé son caractère traditionnel. Son four, maçonné de brique et de sable au début du XXe siècle, est l'un des derniers conservés en France. Il permet de cuire le pain au feu de bois comme autrefois. La maison du Pain, installée dans le grenier à farine, invite à découvrir l'histoire d'un mets qui a su conserver toute son authenticité. Les savoir-faire du boulanger et l'art de la fabrication du pain sont présentés à travers un parcours audiovisuel sur le cycle blé-farine-pain.
Renseignements au 01 34 67 41 82.

La maison du Pain, à Commeny / photo D.B.

L'Eau et le Pain

PR agréé® 29

MOYEN

3H10 • 13,5KM

CANARD COLVERT / DESSIN P.R.

Des étangs, paradis des pêcheurs, au pain, source de vie.

1 Suivre la Grande-Rue puis la D 43z en direction de la D 14. Passer devant la ferme du Lapin-Compote, puis la maison du Pain.

2 Prendre la chaussée Jules-César à gauche et continuer tout droit jusqu'à la table d'information de Gouzangrez. Traverser la D 66 et poursuivre par la chaussée Jules-César jusqu'au silo à grains.

CIRSE MARAÎCHER / DESSIN N.L.

3 Emprunter la D 51 à gauche, la D 66 à droite et la route à gauche. Elle mène au Perchay. Passer l'église.

4 À la fourche, poursuivre à droite, puis continuer tout droit par le chemin. Il longe la vallée aux Moines.

5 Prendre la D 51 à gauche. Bifurquer sur la route à droite. Continuer, contourner l'étang de Vallière, puis monter par le chemin à droite. En haut, tourner à gauche. Emprunter la D 159 à gauche et traverser la vallée.

6 S'engager sur le chemin à gauche. Il vire à droite dans la vallée de Gouline. Passer devant le moulin de Gouline, les étangs puis le lavoir. Continuer par le sentier en face. Il monte sur le plateau et ramène à Commeny.

S SITUATION
Commeny, à 21 km au nord-ouest de Cergy-Pontoise par les A 15, N 14 et D 43
Coordonnées UTM : 31 T 419100-5442100

P PARKING
rue principale

DÉNIVELÉE
altitude mini et maxi
dénivelée cumulée à la montée

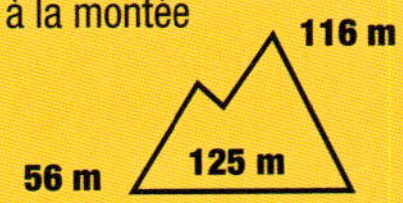

B BALISAGE **JC4**
jaune

À DÉCOUVRIR...

> En chemin :
- Commeny : maison du Pain
- étang de Vallière
- étang et moulin de Gouline
- Le Perchay : lavoir et église Sainte-Madeleine

> Dans la région :
- Santeuil : église Saint-Pierre-et-Saint-Paul XIIe-XVIIe
- Théméricourt : musée du Vexin français, ferme brasserie du Vexin (bière bénéficiant de la marque *Produit du Parc*)
- Sagy : musée de la Moisson
- Guiry-en-Vexin : musée archéologique départemental, allée couverte du bois Couturier
- Gouzangrez : sentier du patrimoine

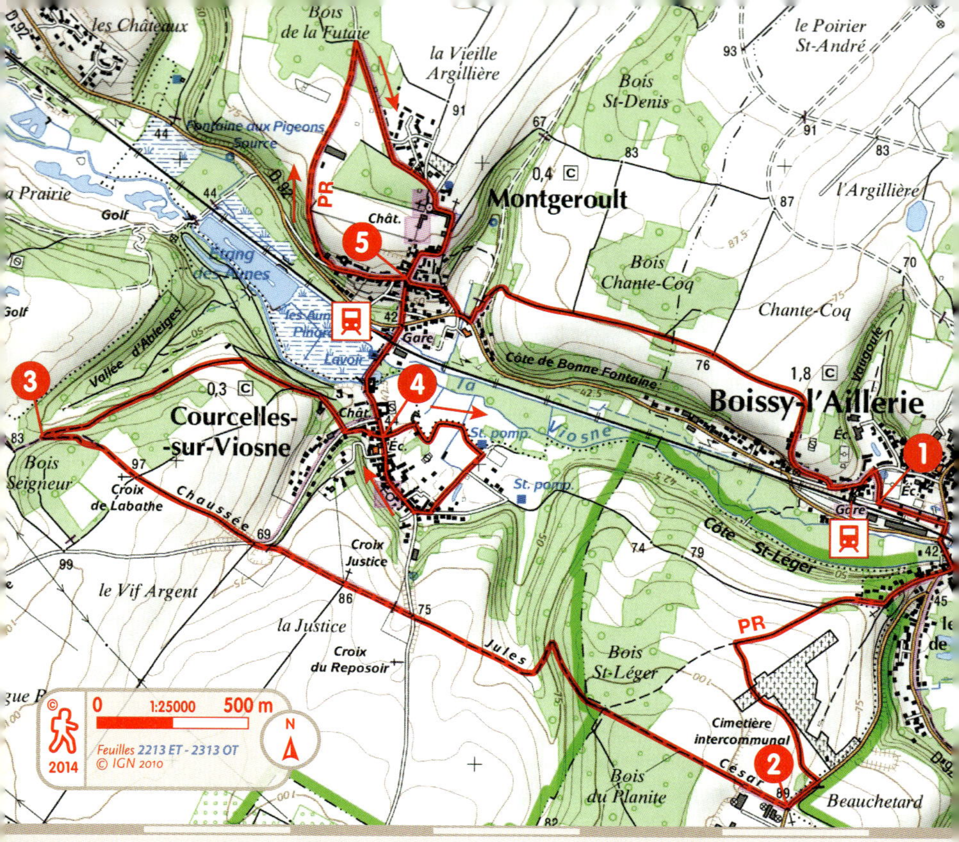

HISTOIRE

La Chaussée Jules César

Inauguration de la chaussée Jules César / photo PNRVF.

La chaussée Jules César s'inscrit dans un vaste réseau de routes militaires mises en place en Gaule entre le Ier siècle avant et le Ier siècle après J.-C. Elle appartient à l'itinéraire qui joignait Lyon (*Lugdunum*) à la Manche, en passant par Paris (*Luteci*) et Rouen (*Rotomagus*). Son tracé rectiligne reste remarquablement conservé, notamment entre Puiseux-Pontoise et Magny-en-Vexin. Sur 21 km, l'itinéraire a été réhabilité en chemin de randonnée par le Parc naturel régional du Vexin français, à l'initiative de la Fédération française de randonnée pédestre et grâce au soutien de GDF Suez. Découvrez l'histoire de la chaussée et son empreinte dans le paysage grâce à un audio-visio-guide téléchargeable via le site Internet du Parc. Ipodus, gardien de la chaussée, et Lara Venture, une archéologue virtuelle, vous conteront cette belle épopée romaine.

La **Chaussée Jules César** et la **vallée de la Viosne**

PR agréé® 30

MOYEN

3H • 12KM

ÉGLANTIER / DESSIN N.L.

Jadis, l'emprise de la chaussée atteignait à Courcelles-sur-Viosne 10 à 27 m de largeur. Au XVIIe siècle, la route construite sur la ligne de crête préserve l'antique voie sur 21 km.

1 Du parking, longer la voie ferrée et franchir le passage à niveau. Prendre à gauche puis à droite, monter la rue Raspail. Au calvaire, bifurquer à droite. À la fourche, obliquer à gauche. Se diriger à gauche, traverser le cimetière et continuer jusqu'au parking. Emprunter la route à droite.

2 S'engager sur la chaussée Jules César à droite (entrée de la briqueterie). Entrer dans le bois du Planite, continuer dans le bois Saint-Léger. Le chemin descend et sort à découvert. Franchir la ravine et poursuivre par le chemin qui se faufile dans la haie. Couper la route, passer la croix de Justice, puis croiser la route. Après la croix de Labathe, le chemin pénètre dans le bois Seigneur.

3 Tourner à droite, descendre par le chemin et arriver à Courcelles. Traverser la route, continuer en face par la sente de la Ravine et déboucher dans la rue principale.

4 Poursuivre en face par la rue des Prés, puis le chemin qui se faufile entre les prairies. Au terrain de sport, prendre à droite, puis à droite la rue de la Source. Traverser le village à droite par la rue de la Libération.

4 Continuer. Franchir la Viosne puis la voie ferrée et traverser la D 92. Grimper en face par le raidillon.

5 En haut, suivre à gauche la rue du Vieux-Colombier, puis le chemin de la Futaie à droite. Dans le bois de la Futaie, prendre la route à droite. Dans Montgeroult, descendre par la rue Neuve puis par la rue du Fruchot. Passer devant le château et continuer.

5 Prendre la rue des Roches à gauche. Au giratoire, suivre la D 92 à gauche sur 50 m, puis s'engager à gauche dans la voie qui monte. Bifurquer à droite et continuer en bordure du plateau sur 1 km. Le chemin descend à droite à Boissy-l'Aillerie. Rejoindre le parking de la gare.

S SITUATION
Boissy-l'Aillerie, à 7 km à l'ouest de Cergy-Pontoise par les A 15, D 14 et D 92
Coordonnées UTM :
31 T 441760-5438020

P PARKING
gare

/ DÉNIVELÉE
altitude mini et maxi
dénivelée cumulée
à la montée

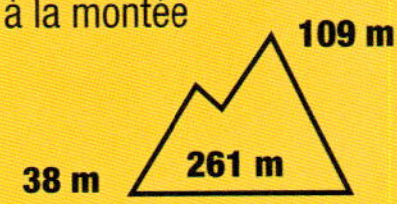

B BALISAGE **JC5**
jaune

À DÉCOUVRIR...

> En chemin :
• Courcelles-sur-Viosne : croix de Justice, croix Labathe • Montgeroult : château (privé)
• points de vue sur la vallée de la Viosne

> Dans la région :
• Ableiges : Les Vergers d'Ableiges (pommes, poires et jus de fruits bénéficiant de la marque *Produit du Parc*) • Sagy : musée de la Moisson

Bois de Chars
Moulin de Noisemont
Pisciculture
le Haut de Bray
le Goulet
Zone d'Activités de l'Isle
Zone d'Activités de la Richarderie
Petit Bois
Bois de Brignancourt
la Fosse au Loup
la Remise
la Jalle
GR 1D
Rvoir
Citernes
Brignancourt
la Pièce du Tonnerre
la Jolivette
D 159
D 915
St épur.
Source St-Jean
les Roches Santeuil
GR 1
les Épagnes
les Belles Vues
Chât. d'eau
la Viosne
Santeuil
Vaugoussard
Moulin de Vallière
Arrêt de Santeuil-le Perchay
Tour de Viosne
la Couleuvre
Vallière
Bois de l'Église
Vallée d'Orémus
les Communes
la Marie Fontaine
Sur le Gué
le Reposoir
D 51
Vallée aux Moines
les Friches
Poste gaz
les Vignoux
le Cornouiller
Dampont
Fontaine aux Reliques
Centre équestre
la Chaumette
Bois du Rayon
Bois du Cornouiller
les Closeaux
la Ruelle des Bois
le Boquet
Clos Crottin
D 66
PR
0 1:25000 500 m
2014
Feuilles 2212 O 2113 ET
© IGN 2008, 2010

À saute-mouton sur la Viosne

Rive gauche, rive droite, en passant par les sources de la Marie-Fontaine et de Saint-Jean.

CALOPTÉRYX ÉCLATANT (FEMELLE) / DESSIN P.R.

1 De la gare, emprunter la D 51 à gauche.

2 Au carrefour, continuer par la D 51 à gauche et franchir le ru de la Couleuvre.

3 Emprunter la route à gauche. Elle traverse la vallée aux Moines et continue le long de la vallée de la Viosne.

4 Au carrefour des Closeaux, prendre la route à gauche (GR®1). Franchir la voie ferrée puis la Viosne. À Dampont, s'engager à gauche sur le chemin de terre boisé.

5 À la croisée de chemins barrés, poursuivre par celui du milieu et descendre dans la vallée d'Orémus. Virer à gauche, puis monter pour déboucher sur le plateau. Longer le bois de l'Eglise, passer au milieu des prés et gagner une intersection en T.

6 Après l'entrée d'une ferme, tourner à droite pour monter sur le plateau. En lisière d'un bois, obliquer sur le chemin à gauche. Couper la route, longer le terrain de sport et atteindre le carrefour des D 159 et D 51. Emprunter la D 159 à droite en direction de Marines jusqu'à un virage.

7 Prendre le chemin à gauche (GR®1D). Descendre dans le bois et arriver, par la rue de la Mairie, dans Brignancourt. Place des Tilleuls, tourner à gauche, puis suivre la rue de la Viosne à droite *(lavoir)* et la D 159. Traverser la voie ferrée.

8 Continuer par la D 159 qui monte et traverse le plateau. Laisser le GR®1D à droite. Dans un virage, s'engager sur le chemin de terre à gauche en lisière du bois. Poursuivre tout droit jusqu'aux maisons, longer le lotissement des Epagnes et emprunter la rue en face. Elle ramène au carrefour de l'aller.

2 Tourner à gauche pour retrouver la gare.

PR agréé® | 31

MOYEN

3H • 12KM

S SITUATION
Santeuil, à 18 km au nord-ouest de Cergy-Pontoise par les D 915 et D 159
Coordonnées UTM : 31 T 423300-5441790

P PARKING
gare

/ DÉNIVELÉE
altitude mini et maxi
dénivelée cumulée à la montée

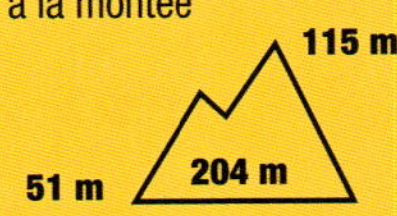

B BALISAGE R2
1 à 4 > jaune
4 à 8 > blanc-rouge
8 à 2 > jaune

À DÉCOUVRIR...

> En chemin :
• source de la Marie-Fontaine • points de vue sur la vallée de la Viosne et le marais de Brignancourt

> Dans la région :
• Marines : église Saint-Rémi 1535-1562-XVIIe
• Chars : église Saint-Sulpice XIIe-XVIe
• Le Perchay : ancien lavoir circulaire (lavoir Romain) à La Gouline-de-Commeny, deux autres lavoirs dans le site classé de la vallée aux Moines

FAUNE ET FLORE

SÉBASTIEN VAILLANT, BOTANISTE DU ROI

Sébastien Vaillant naquit à Vigny le 26 mai 1669. Dès son enfance, il parcourut les champs, les bois, les collines et les vallons à la recherche de la moindre plante. Autour de Vigny, il cueillit l'iris fétide, l'orchis morio ainsi que l'anémone pulsatille, ces deux dernières espèces étant rares aujourd'hui. Entre 1690 et 1720, Sébastien Vaillant constitua un magnifique herbier de plus de 9000 espèces, conservé au Muséum national d'histoire naturelle. Il débuta sa carrière comme chirurgien et suivit les cours de botanique de M. Tournefort. Il devint secrétaire du grand Fagon puis directeur des cultures et des plantes du Jardin royal, directeur du cabinet des drogues et, accession suprême en 1717, professeur de botanique à la place de Fagon. Membre de l'académie des Sciences, une plante perpétue aujourd'hui encore son nom pour les botanistes : la « Vallantia ».

VALLANTIA / DESSIN N.L.

MILIEUX NATURELS

LA VIOSNE

La Viosne prend sa source à Lierville et se jette dans l'Oise à Pontoise, après un parcours rectiligne de 28 km, sans méandre important et aux très faibles pentes. Sa vallée est longue et étroite (200 m environ). Elle a pour principal affluent la Couleuvre qui prend sa source près de Moussy. Son tracé a été modifié par des aménagements tels que des biefs et des étangs dont celui de Vallière ou l'étang des Aunes à Montgeroult, paradis des pêcheurs. Sur le fond de la vallée, autrefois occupé par des cressonnières, s'étirent des zones humides et des formations tourbeuses. Au XVIIIe siècle, la vallée de la Viosne comptait pas moins de vingt-deux moulins.

ÉTANG DE VALLIÈRE / PHOTO PNRVF.

La Viosne / photo PNRVF.

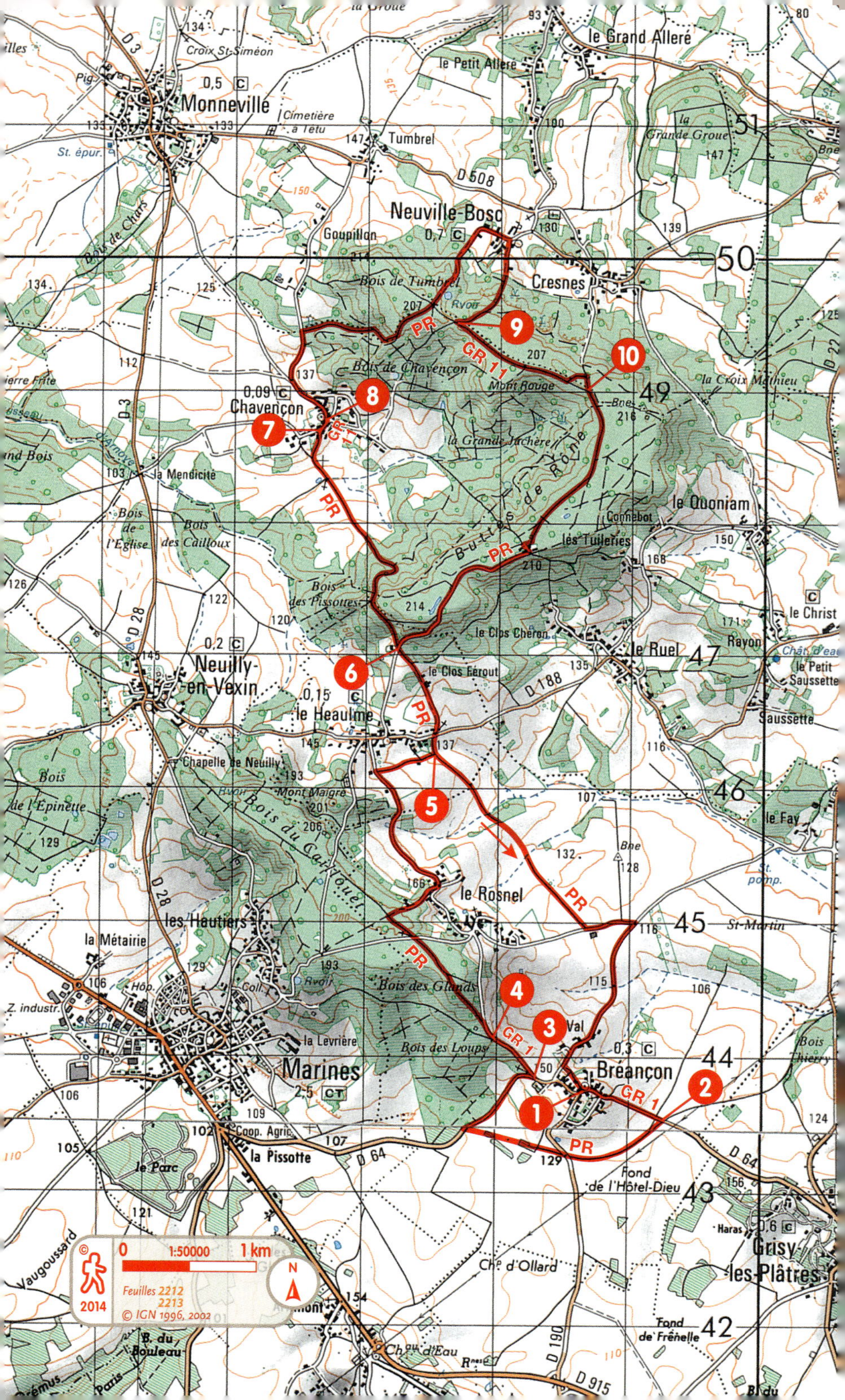

Monneville
Croix St-Siméon
Cimetière à l'Etu
St. épur.
Tumbrel
le Petit Alleré
le Grand Alleré
la Grande Groue
D 508
Neuville-Bosc
Goupillon
Cresnes
Bois de Tumbrel
Bois de Chavençon
Mont Rouge
la Croix Mathieu
Chavençon
la Grande Jachère
Buttes de Rosne
la Mendicité
Bois de l'Église
Bois des Cailloux
le Quoniam
Connebot
les Tuileries
Bois des Pissottes
le Clos Chéron
le Ruel
le Christ
Rayon
le Petit Saussette
Saussette
Neuilly-en-Vexin
le Clos Férout
le Heaulme
D 188
Chapelle de Neuilly
Mont Maigre
Bois du Carrouel
Bois de l'Épinette
le Fay
le Rosnel
les Hautiers
la Métairie
St-Martin
Z. industr.
Bois des Glands
Val
la Levrière
Bois des Loups
Marines
Bréançon
Bois Thierry
Coop. Agric.
la Pissotte
D 64
le Parc
Fond de l'Hôtel-Dieu
Haras
Grisy-les-Plâtres
Vaugoussard
Ch. d'Ollard
Fond de Frênelle
Ch. d'Eau
B. du Bouleau
D 190
D 915
D 28
D 3
PR
GR 1
GR 11
1
2
3
4
5
6
7
8
9
10
0
1:50000
1 km
2014
Feuilles 2212
2213
© IGN 1996, 2002

Le **toit** du **Vexin** français

Circuit magnifique sur les plus hautes terres de l'Île-de-France qui permet de découvrir les charmes de ses villages : Chavençon, Neuville-Bosc, Le Heaulme et Bréançon.

1 De l'église, suivre la D 64 vers Grisy-les-Plâtres sur 500 m.

2 Prendre le chemin à droite *(ancienne voie ferrée)*. Couper la D 190, continuer, puis suivre la D 64 à droite.

3 Au calvaire, emprunter la route à gauche.

4 Après un coude de la route, bifurquer sur le chemin à gauche, à travers le bois des Glands (nord-ouest). Couper la route (calvaire), continuer sur 250 m, puis tourner à droite et descendre. Au carrefour, prendre la route à gauche. À l'entrée du Heaulme, descendre par le chemin à droite.

5 Tourner à gauche, couper la D 188 *(calvaire)*, monter en face et déboucher sur une route.

6 Continuer tout droit. Après un parcours sinueux dans le bois de châtaigniers, puis à travers des prairies, franchir le vallon *(croix)*, puis monter à droite par le chemin creux à Chavençon.

7 Se diriger à droite vers l'église.

8 Prendre la route à gauche, puis celle à droite sur 400 m. Monter par le chemin à droite dans le bois. Sur la crête, passer la croisée de chemins. Longer un réservoir d'eau et descendre à Neuville-Bosc. Tourner à droite. À hauteur de la grille du château, virer à droite, passer l'église et remonter dans le bois.

9 Tourner à gauche pour suivre la crête.

10 Au carrefour en T, point culminant d'Ile-de-France, tourner à droite dans un chemin en sous-bois. Plus loin, le massif de rhododendrons annonce une propriété où Sarah Bernhardt séjourna. Aux bâtiments à gauche, poursuivre la route à droite et retrouver le carrefour de l'aller.

6 Descendre à gauche par l'itinéraire suivi à l'aller.

5 Continuer par le chemin à gauche (sud-est). Franchir le ru, effectuer un crochet gauche-droite, puis emprunter la route pour revenir à Bréançon. À l'entrée du village, s'engager à gauche sur le chemin qui ramène à l'église.

PR agréé® **32**

DIFFICILE

4H30 • 22KM

S SITUATION
Bréançon, à 14 km au nord-ouest de Cergy-Pontoise par les D 922, D 915 et D 190
Coordonnées UTM :
31 T 428660-5443770

P PARKING
église

DÉNIVELÉE
altitude mini et maxi, dénivelée cumulée à la montée

214 m
115 m **425 m**

B BALISAGE **R3**
jaune

À DÉCOUVRIR...

En chemin :
• Bréançon : église Saint-Crépin-et-Saint-Crépinien XIIe-XIIIe • Le Heaulme : église XIIe • Chavençon : croix XVIe • buttes de Rosne (point culminant de l'Ile de France)
• points de vue et calvaires

Dans la région :
• Butte de Marines : bois du Caillouet
• Grisy-les-Plâtres : fermes avec colombiers, église Saint-Caprais XVIIIe
• Marines : sentier du patrimoine

MILIEUX NATURELS

LES BUTTES BOISÉES DE MARINES, ÉPIAIS ET ROSNE

Au nord du plateau vexinois se dressent plusieurs silhouettes sombres : les buttes de Rosne, Épiais et Marines, sites naturels remarquables. Elles dominent de 80 m environ le plateau et font parties des grands éléments structurant le Bassin Parisien, dont elles abritent le point culminant à 214 m. Leur sommet, recouvert de meulière n'est propice à aucune culture et reste donc boisé. La couverture forestière des buttes représente 10% de la superficie boisée du Vexin français. Leur végétation naturelle était probablement une forêt de chênes. Après avoir été en partie défrichée au Moyen Âge, elle est ensuite devenue un lieu de cueillette et de chasse, puis a été exploitée pour son bois de chauffage et de construction. La végétation s'étage en fonction du type de sol. Ainsi, au pied et au sommet des buttes s'étale la chênaie et sur les versants plusieurs types de végétation mêlés : landes sèches ou humides, bouleaux, conifères, etc.

BRUYÈRE CENDRÉE / DESSIN N.L.

BUTTE DE ROSNE / PHOTO PNRVF.

PHOTO N. BECQ, LE JARDIN DE CAMPAGNE GRISY-LES-PLÂTRES.

PATRIMOINE BÂTI

LES PIGEONNIERS

Les villages du Vexin français ont pour la plupart une vocation agricole. L'habitat y est souvent regroupé autour de grandes fermes possédant parfois un pigeonnier. Ces édifices se sont particulièrement développés à partir du XVIe siècle. Les pigeonniers étaient très prisés car les pigeons constituaient un mets apprécié et leur fiente, appelée aussi colombine, un engrais riche en azote. Un pigeonnier comporte généralement deux parties : la salle basse, abritant le bétail, et l'étage, accueillant les pigeons. Les murs, d'un mètre d'épaisseur environ, sont ponctués de « boulins », sortes d'alvéoles où se nichent les pigeons. Quatre formes de pigeonniers sont présentes dans le Vexin français : le pigeonnier rond à Labbeville, Haravilliers, Ableiges, Nesles-la-vallée, Ennery, etc. ; le pigeonnier carré à Genainville, Maudétour ou Frouville ; le pigeonnier-porche à Chars ou Commeny ; le pigeonnier octogonal à Arthies, Banthelu, Menouville ou Vigny.

PIGEONNIER D'HARAVILLIERS / PHOTO PNRVF.

LES SENTIERS DE GRANDE RANDONNÉE
DANS LA RÉGION

GR®

Sentiers de Grande randonnée®

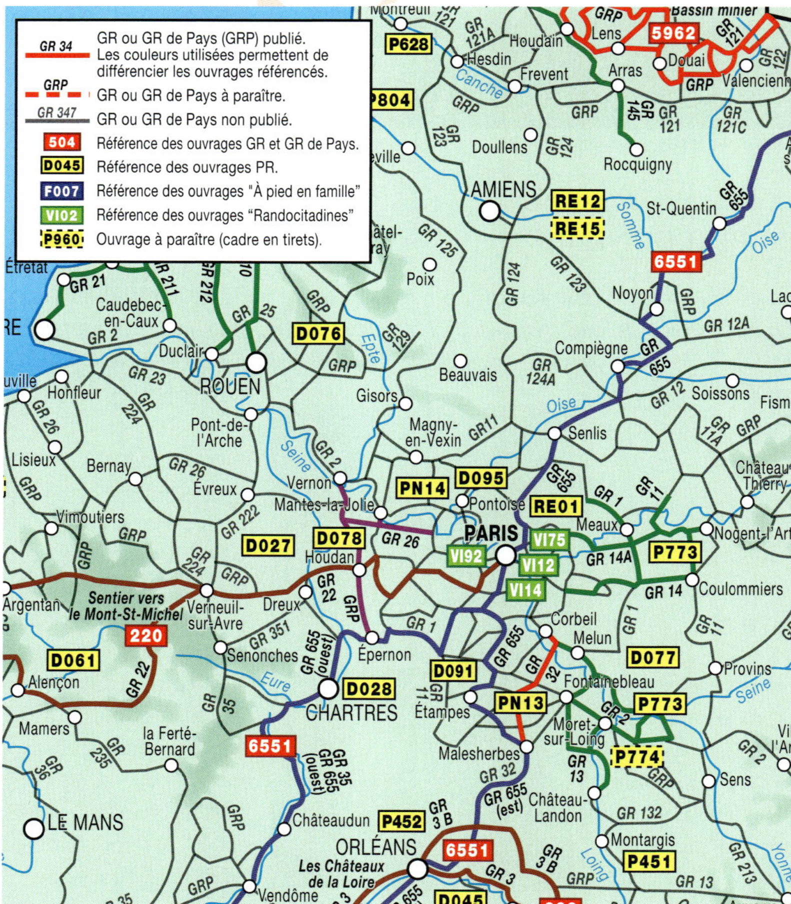

FFRandonnée
TopoGuides GR®
Une collection exclusive
Pour les amoureux de nature et les sportifs aimant les vraies aventures.
L'outil indispensable pour bien préparer sa rando et cheminer l'esprit serein.
Près de 80 titres dans toute la France.
TopoGuides®
GR®
La grande traversée des Alpes
Plus de 15 jours de randonnée
Grande Randonnée
GR 5
FFRandonnée
www.ffrandonnee.fr
Tout le catalogue en ligne
www.ffrandonnee.fr
TopoGuides®
La meilleure façon de marcher

✓ La création et l'entretien des circuits et la réalisation de ce topo-guide ont mobilisé de nombreux partenaires : le Parc naturel régional du Vexin français, les Comités départementaux de la randonnée pédestre du Val-d'Oise et des Yvelines.

✓ Les sentiers décrits dans ce topo-guide sont balisés et entretenus par les baliseurs bénévoles des Comités départementaux de la randonnée pédestre du Val-d'Oise et des Yvelines.

✓ Les circuits ont été sélectionnés par le Parc naturel régional du Vexin français et les Comités départementaux de la randonnée pédestre du Val-d'Oise et des Yvelines.

✓ Les descriptifs ont été rédigés et vérifiés par : Alain Carbillet, Thierry Valet, Yves Hamandjian, Jean-Louis Chabin, Michel Jeaugeat, Roger Scheffler, Gaétan Lerouzic, Constantin Angeloglou, Francis Calmes, Christian Wazylyszyn, Louis Grand, Joël Marchesseau, Alain Carlier, Jean Félix, Claude Pingret, Roger Nicolas, Jean Ferlier, Jean-Luc Briantais, Daniel Girault, Jean-Pierre Lachiver, Bernard Rothe, Bernard Serage, Georges Duhamel, Jean Pividori, Patrick Salmon, Bernard Bailleux, Daniel Quentin, Patrick Margery, Gérard Salmon, Claude Lenoble, René Rault, Philippe Blaffa, Christian Barrier, Jeanne Marchesseau, André Laboeuf, Jean Lallia, Jean-Paul Jardel et l'équipe du Parc naturel régional du Vexin français.

✓ Les textes thématiques de découverte ont été rédigés par : Sophie Martineaud (p. 24, 25, 28, 32, 34, 38, 39, 42, 44, 46, 48, 52, 60, 61, 70 et 108), Micheline Martel (p. 77, 89 et 103), Jean-Pierre Mantel (p. 28), le château d'Auvers (p. 24), Mathieu Calame (p.84), Claudine et Jean Amiot (p. 97), Jean Ferlier (p. 116), le Comité départemental de le randonnée pédestre des Yvelines (p. 76) et l'équipe du Parc naturel régional du Vexin français.

✓ La coordination de cette réédition a été assurée par Jacques Fourreau, au Comité 95, Irène Hedrich, chargée de mission Activités de pleine nature, et Pascal Barriot, chargé de mission Communication & Promotion touristique au Parc naturel régional du Vexin français.

✓ Les infos pratiques ont été rédigées avec la collaboration d'Anne-Marie Minvielle.

✓ Les photographies sont de : le château d'Auvers, Claude Bernay (C.B.), Philippe Lhomel (P.L.), David Blondin (D.B.), Nicolas Vincent (N.V.) Daniel Delisle (D.D.), Gilles Laage (G.L.), Archives départementales du Val-d'Oise-cellule de l'Inventaire, Romy Silberman (R.S.), Natacha Jegues (N.J.), Stanislas Lubac (S.L.), Claudine Amiot (C.A.), Jean Ferlier (J.F.), Nathalie Becq-le jardin de campagne 95, Jean-Paul Jardel (J.-P.J.), et l'équipe du Parc naturel régional du Vexin français (PNRVF).

✓ Les illustrations sont de Pascal Robin (P.R.), Nathalie Locoste (N.L.), Christian Quennehen (C.Q.), Jacques-Henri Tournadre (J-H.T.), Rémy Chardon (R.C.) et Fabien Bellagamba (F.B.).

✓ Responsable de la production éditoriale : Isabelle Lethiec. Développement et suivi des collectivités territoriales : Patrice Souc, Victor Dabir. Assistante : Sabine Guisguillert. Secrétariat d'édition : Philippe Lambert, Marie Fourmaux. Cartographie : Olivier Cariot, Frédéric Luc. Mise en page et suivi de la fabrication : Jérôme Bazin, Hélène Mercy, Justine Dupré. Lecture et corrections : Didier Babin, Évelyne Chaix, Bernard Madonna, Michèle Rumeau. Création maquette et design couverture : MediaSarbacane.

Cette opération a été réalisée dans le cadre d'un partenariat entre le Parc naturel régional du Vexin français et la Fédération française de la randonnée pédestre, avec le soutien financier du Conseil général du Val-d'Oise et du Conseil général des Yvelines.

THÉMATIQUE

FLICOURT / PHOTO J.-P.J.

GÉOGRAPHIQUE

Achevé d'imprimer en France sur les presses de Chirat (Saint-Just-la-Pendue)
selon les normes de la certiification PEFC®

PEFC 10-31-1895